1本60円のアイスを売って会社の価値を4倍にした話

地域限定企業を再生させた経営哲学

株式会社セイヒョー代表取締役
飯塚周一
Shuichi Iizuka

徳間書店

1本60円のアイスを売って会社の価値を4倍にした話

地域限定企業を再生させた経営哲学

はじめに

株式会社セイヒョー・代表取締役の飯塚周一です。

私の生まれは1964年10月。新潟地震が発生した4カ月後に新潟県三条市で生を受け、工場勤めの父とパート勤めの母、両親共働きの家庭で育ちました。

株式会社セイヒョーに入社したのは1984年のことです。19歳で定時制高校を卒業した年のことでした。

それ以降、営業畑一筋で20年間。個人商店から大型スーパーを受け持つ営業マンとしてルートセールスの仕事に打ち込んできたのですが……。

私自身は、決して自分のことを真面目な人間だとは思っていません。学生時代も、勉強はできませんでしたし、クラスの人気者でもありませんでした。

そんな私が現在、代表取締役を務めているのですから、人生というのは何が起こるかわかりません。そしてまさか、自分の名前で手記を出すことになるとは。

しかし今回、このような機会をいただき原稿を執筆させていただいたことは、いろいろな出来事を振り返り、自分の考え方を再認識、また再考するきっかけとなりました。また、徳間書店の担当編集の方と打ち合わせをさせていただいた際、

「飯塚社長の人間像を形成しているのは、子ども時代に自然に身についた〝人間観察能力〟と、相手の立場になってものを考えて、その都度適応することができる〝人間関係の調整能力〟、それに加え自ら目標を作り出す〝モチベーション維持能力〟。この3本柱が、さまざまな場面で相乗効果を生んだ結果、気づけば代表取締役として会社を経営する立場に押し上げられた、ということなんでしょうね」

といった言葉をいただきました。そこには、まるで他人の話であるかのような発見があり、気恥ずかしさがこみ上げてきながらも、

「なるほど、考えを文字にすることは、自分を再発見することでもあるんだ」

と感じました。

ですから、この原稿を書き進めるのは、半分は自分のため、もう半分が、この本を読んでくださった方の、何かしらのヒントになればという思いからです。

特に弊社のような地方に本社を置く中規模の企業にとって「資金調達」は、経営者の頭を常に悩ませていることでしょう。こうした企業は長い歴史を持つ「老舗」が多く、市場からのマネタイズを旧来の経営習慣が邪魔したりします。

一体弊社はどのように伝統や歴史と現代的な資金調達を融合させたのか、1本60円のアイスを売って2020年から2023年5月までの間で時価総額を約4倍にまで成長させた理由は何なのか――。

日本に数多くある中小企業の経営者、これから経営者を目指す起業家の人たちの一助になれば幸いです。

株式会社セイヒョー
代表取締役　飯塚周一

Eihyo

目次

CONTENTS

第1章 設立100年の歴史が「令和経営」の重しに…

第2章 定時制高校を卒業した私が営業で学んだこと

第3章

ゼロから出発したからこそできた改革

第4章 地方企業のチャンスは伝統と金融・情報の融合にある

第1章

設立100年の歴史が「令和経営」の重しに…

氷の製造からスタートしたセイヒョーの歴史

2008年からのリーマン・ショックで大きな落ち込みを経験して以降も、2011年の東日本大震災、2019年の消費税10％への引き上げ。さらには2020年1月から実に3年以上にも及ぶ新型コロナウイルスの感染拡大。その「コロナ禍」の影響による資源・エネルギーの高騰。

2022年のロシアによるウクライナ侵攻によって、資源・エネルギー価格はさらに一段高くなった。その結果、欧米ほどではないにせよ、日本でも物価高が深刻になっている。

このように浮上のタイミングに合わせるように困難の来襲が「常在」となっているのが日本経済だ。

2023年に入ってから、大手企業に賃上げの傾向がみられるが、日本全体の実に約9割以上を占める中小企業はといえば、まだまだ売り上げを賃金に還元できる状態ではないのが現状だ。

賃金が上がらないまま物価が上昇していく経済現象はスタグフレーションと呼ばれる。いわゆる〝悪いインフレ〟状態に、日本国民の多くはますます疲弊するばかり。少なくとも、この先の超高齢化社会を支えなければならない若者世代が安心して結婚し、人並みの幸せがつかめるよう、一刻も早い日本経済の復調が望まれるが……。

そんな中、今、アイスクリームのウェブCMがじわじわと〝バズっている〟「株式会社セイヒョー」という企業をご存じだろうか。179ページの「年表」にあるように創業は1916年（大正5年）。

実に100年以上の老舗企業が製造・販売するのは地元新潟で長年ソウルフードとして愛される、1本60円（税別）のアイス「もも太郎」である。

全国的な知名度はほぼゼロで、新潟でしか知られていない。ところが、株式会社セイヒョーは投資家の注目を集めている。

その理由は単純明快。2022年4月以降、わずか1年で時価総額を3倍に押し上げたからだ。2020年からだと約4倍にもなっている。

本書は、その株式会社セイヒョーの10代目・代表取締役であり、大躍進の立役者ともいうべき、飯塚周一氏の自伝という形をとっている。

「経営に関しては、経験はもちろん何の知識もありませんでした」

と語る飯塚氏が、営業畑から取締役に抜擢されたのは2010年5月のこと。そして代表取締役に就任し、右も左もわからないゼロ地点から社長業をスタートさせたのが翌年、2011年5月。この1年の間に、会社に何があったのか。

そして代表取締役に就任して以降、地域密着型の一企業だった株式会社セイヒョーの時価総額が4倍に跳ね上がるまでの約12年間、飯塚氏が、どのような道を歩んできたのか。

地方創生が叫ばれて久しいが、日本の地方企業の経営者、あるいは経営に関わる人たちにとって頭を悩ませるのが「マネタイズ」、すなわち資金調達ではないか。地元の地銀、信金から借り入れるだけでは設備投資に自ずと限界が生まれる。その古きよき伝統が提供する未来は、よくて現状維持、普通ならば終焉だ。

そこで「株式会社セイヒョー」が新潟県の中で歩んできた歴史から始まり、未来に向かって躍進するまでの一部始終。その間に何があったのかを、飯塚周一氏のビジネスに対する考え方、生い立ち、人となりをたどりながらひもといていく。

飯塚氏本人も、

「私の言うことが正解という話ではない」

と語るように、あくまでもこの手記に記されているのは答えにたどりつくためのヒントだ。

特に地方の歴史ある企業にとっては「あるある」というエピソードに満ちている。一体「セイヒョー」は伝統と歴史と、近代経営をどのように融合させたのか――。

セイヒョーの創業は、1916年（大正5年）に遡ります。当時の社名は「新潟製氷株式会社」。読んで字のごとく、氷の製造販売を行う会社として、新潟市の湊町に生まれました。

私が生まれる50年近くも前の話ですから伝聞になりますが、創業時の初代社長は有田さんという方で、2代目から4代目までは当時の財閥で、新潟市内で海産物屋を営んでいた高杉家が歴任。いろいろな商売をしている中で、

「海産物屋には氷が必要だ」

という話が持ち上がったのが、きっかけだったそうです。

当時、氷は水産用としての用途はもちろん、食品の冷却用や発熱時の解熱用としても重宝され、港町を擁する新潟市のインフラ的な側面も持ち合わせた商品だったのです。

そんな需要の後押しを受けて会社は順調に成長し、清涼飲料水の製造販売や、新たに冷蔵倉庫業も開始しました。1946年（昭和21年）には「越佐製氷冷凍株式会社」に商号変更し、冷氷菓子の製造販売にも着手。1949年（昭和24年）7月に県内第1号として、新潟証券取引所に株式を上場することになるのです。

その後、高度経済成長期に入った1950年代の後半に、白黒テレビ、電気洗濯機、電気冷蔵庫の3つの生活家電が〝三種の神器〟と呼ばれたのはご承知のとおり。

当然のことながら、製氷事業も変革を迫られる状況となりますが、会社は飲料事業、冷凍野菜事業などを開始。和菓子の製造販売にも着手するなど、そのときどきの時流に合わせて対応してきたのです。

そして、1995年（平成7年）に現在の社名である「株式会社セイヒョー」に商号変更。卸業のほか、雪印乳業（現・雪印メグミルク株式会社）、森永乳業株式会社、明治乳業株式会社といった大手のOEM生産も受注（明治乳業との製造委託契約は2010年に終了）する一方で、自社製品開発に力を入れる方針を打ち出し、2016年（平成28年）には創業100周年を迎えました。

振り返れば、第一次世界大戦中に創業してから、太平洋戦争、戦後の混乱期、高度成長期、新潟地震、バブル崩壊と、まさに激動の100年を生き残ってきたセイヒョー。それもこれも、歴代経営陣の方々をはじめ諸先輩方の苦労と努力があったおかげに違いありません。

新潟県民に愛されるアイス「もも太郎」

その地方その地方には、古くから地元の人たちに愛されている、いわゆるソウルフードと呼ばれる食べ物があるものです。中には全国的に認知度が高いものもあれば、逆に地元の人間しか知らないというものもありますが、私が住む新潟県で言えば、小豆あんが入ったよもぎ団子を、笹の葉でくるんだ「笹だんご」を挙げる方が圧倒的多数という印象です。つなぎに「ふのり」という海藻を使った、「へぎそば」を挙げる方もいらっしゃるかもしれません。

いずれにしても、新潟で長く愛される伝統ある食べ物ですが、新潟には「アイスと言えばこれ」という氷菓子があるのです。私も含めた多くの新潟県民が、子ども時分から口にしている、慣れ親しんだ地元ならではのアイス。

それがセイヒョーの「もも太郎」です。

弊社が、商品としての「もも太郎」を製造し始めたのは、おそらく1946年（昭和21年）。

自社製品、しかも「メイン」で販売している商品なのに〝おそらく〟とはいかがなものかと思う人もいるかもしれません。弊社は経理・契約関係といった重要書類を除き、社の変遷に関しては積極的に資料や写真を残す体質の会社ではなかった。そのため、詳細な資料に乏しく伝聞に頼るしかないという事情があるのです。

会社の歴史を示す資料が少ないというのは事実のようだ。100周年に際し編纂された「創立百周年記念誌・百年氷」の編集後記には、編集担当者の以下のようなコメントが記されている。

「この記念誌の編集作業を開始するに当たり、あまりにも資料、写真等が少なく、これで本当に100年の歴史を紐解くことができるのかと、メンバー一同、首をかしげてしまいました（実際、創立80周年のとき、記念誌発行を試みたが途中断念したという形跡もありました）」

苦労の跡が偲ばれる。

このように由来が「あやふや」なまま、今日でも企業の中核となっている商品は老舗地方企業には多くある。社史編纂を「経営者のヒマ潰し」と軽視する人も多いが、歴史とは企業の価値だ。その掘り起こしを通じて、新潟県の「氷菓」の歴史に触れることになった。

会社を代表する商品の出自が不明とは何ともお恥ずかしいかぎりですが、貴重な証言をくださったのは、5代目代表取締役だった新田見氏のお姉さまでした。お話をうかがった当時で90歳を過ぎていたはずですが、非常に記憶もしっかりしいて、私にこんな話を聞かせてくださりました。

「戦後まもなく、私は弟の賢五（新田見・元社長）に頼まれて、『もも太郎』のシロップを作ったの。それを佐渡に送って試作した後、『もも太郎』が発売されることにな

新潟県民のソウルフード「もも太郎」

ったんです」

また、お気づきの方もおられましょうが、私は先ほど『商品としての「もも太郎」』という書き方をしました。これにも、1つ事情があります。

そもそも「もも太郎」自体は、弊社が商品化するはるか前から、祭りの縁日で売っていた氷菓子でした。縁日では、桃の形をした木型で作っていたので「桃型」と呼ばれたそうです。その木の型に砕いた氷を詰めて、そこに棒を刺し、イチゴ味のシロップをかける。それを見た5代目社長が、「これを〝もも太郎〟って名前にして、うちで商品化しよう」

とひらめいた。このイノベーションがなかったら「もも太郎」は生まれず、「桃型」氷菓子は祭りの歴史の中だけで語られることになっていたかもしれません。そういう意味では、弊社が1つの地元文化を守り、継承してきたと言えるのではないでしょうか。

独立採算制でバラバラの事業所

このように、弊社は新潟県にしっかりと根ざし、100年以上の歴史の中で生き抜いてきた老舗企業。それ自体は誇れることに違いありません。

しかし、内情を覗いてみると、自慢できるものばかりではありません。どんな企業も、大なり小なりの問題を抱えているものですが、セイヒョーの問題点は、その事業形態にありました。

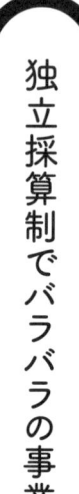

どういうことか。

弊社には新潟市、三条市、佐渡市、そして東京に拠点があるのですが、ほんの十数

セイヒョー本社と工場

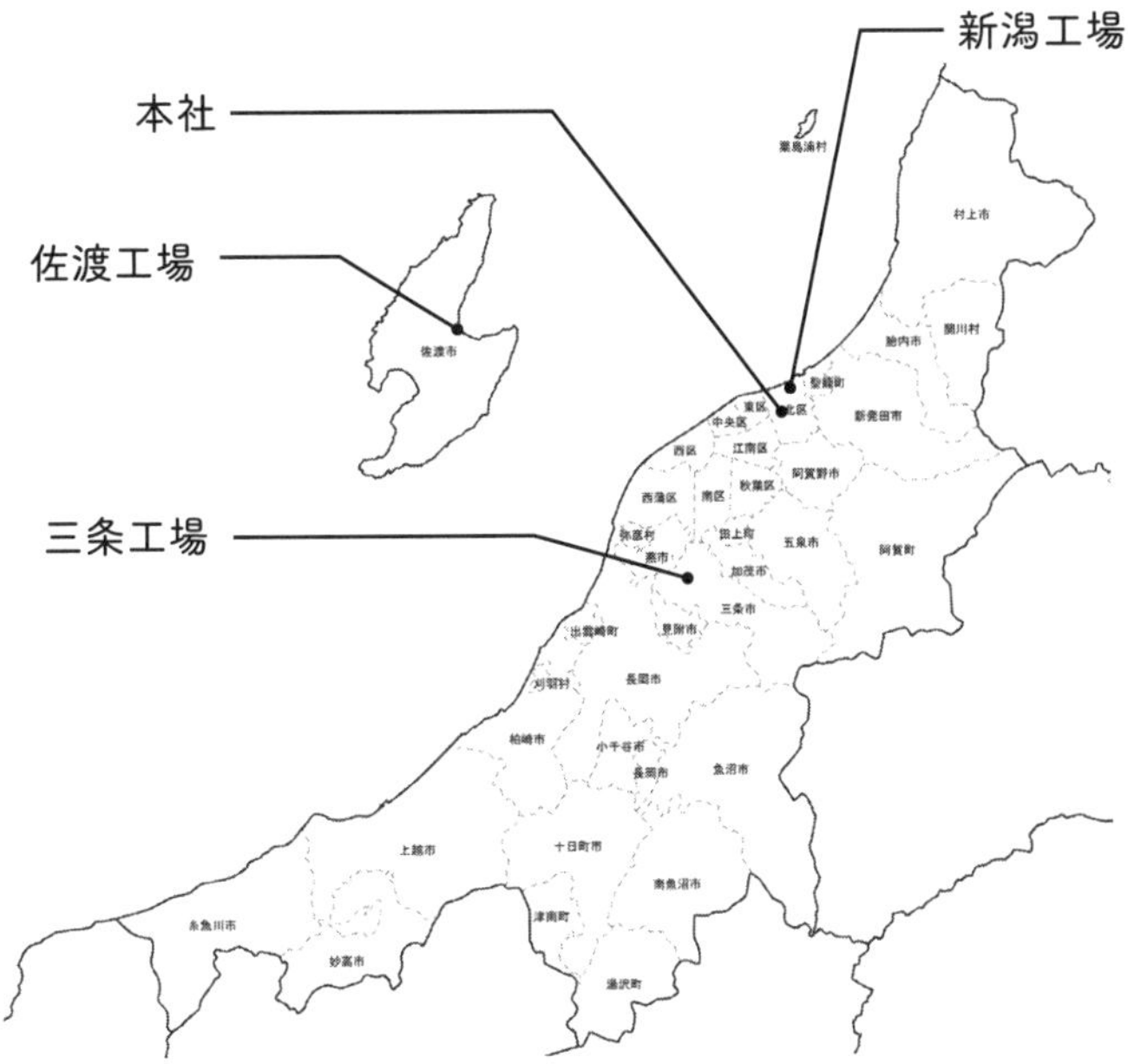
新潟工場
本社
佐渡工場
三条工場
佐渡市
村上市
関川村
胎内市
聖籠町
北区
東区
中央区
新発田市
西区
江南区
阿賀野市
西蒲区
南区
秋葉区
弥彦村
田上町
五泉市
阿賀町
燕市
加茂市
三条市
出雲崎町
見附市
刈羽村
長岡市
柏崎市
小千谷市
魚沼市
上越市
十日町市
南魚沼市
糸魚川市
津南町
妙高市
湯沢町

年前まで、長らく各拠点が独自に事業をし、お金を稼ぐという〝独立採算制〟をとっていたのです。

セイヒョーという1つの企業なのに、内情は〝協同組合〟のようなものだったのです。独立採算制がいい形で機能するケースも、もちろんあるでしょう。しかし、弊社の場合は少し事情が違いました。

独立採算制により競争意識が芽生えるまではいいのですが、この制度、体質がその先にさまざまな問題を抱える原因となってしまったのです。

考えを巡らせてみると、そこには上層部による慢心と怠慢があったのではなかろうかと思えてきます。特に、黙っていても物が売れたバブル期は、その傾向が顕著でした。上層部は、各工場に対して工場長を指名するだけ。そして「あとは数字を出してくれればいいから」とばかりに、工場長にほぼ全てを一任してしまっていたのです。

東京営業所の主な売り上げはデパートの催事。新潟から商品を持っていき催事場で並べて売っていました。東京は市場が大きいので、卸販売も好調でした。佐渡はと言うと、観光地向けの卸業。新潟三条は、自分たちで笹だんごを作って売っている。全てがバラバラに活動していましたので、1つの会社としての社風といったものもなく、あえて言うなら、あったのは〝所長風〟〝工場長風〟といった気風のみという状況でした。

すると、拠点間ではマウントの取り合いが始まります。私も、昭和の時代らしくマージャン営業でしっかりとした数字を叩き出していたある所長から、

「飯塚、一生懸命アイスを売ってるようだけど、儲からないから止めたらどうだ」

などと言われ、悔しい思いをしたことがありました。

もちろん、ほかと比べてアイスの売り上げが悪かったことが問題なのではありません。問題は、弊社の上層部に〝方針〟がなかったことにあったのです。

独立採算制だから利益さえ出していれば文句は言われないという社内事情に加え、拠点間で揉め事やいがみ合いが表面化するほどに膨らんだときでさえ、ジャッジを下さない上層部。

そうした社内の空気はやがて〝声が大きい者が勝つ〟という悪しき風習を生んでしまったのです。

声が大きい者が勝つとは、つまりは利益を出してる方の言い分が通るということ。

「俺の工場は、これだけ利益を出してるけど、お前の工場はいくら出してるのか言ってみろ」

というわけです。

もちろん、拠点単位での成長意識はあったのでしょうが、それぞれの判断で動いている上、上層部が企業方針を示さないため、まとまった力にならない。

確かに昭和の時代、特にバブル期のような、経済的に右肩上がりの成長が見込めた時代であればそれでもよかったのでしょう。それぞれ工場単位で経営力や営業センスといったスキルを伸ばし、それぞれが1円でも多く稼ぐという考え方も間違っていなかったとは思います。

しかし、今の時代に同じやり方が通用しないのは明白。案の定、バブル崩壊以降は、弊社の業績は、浮き沈みがありながらも徐々に下降していくことになるのです。

独立採算制で、横の連携がまったくとれていない状態が見てとれるエピソードがある。それは〝笹だんご誕生秘話〟として社内に伝えられていた、あるいざこざ。当時の事情を知る、三条工場関係者が明かす。

「三条工場で笹だんごの製造を始めたのは1982年（昭和57年）。もともと三条工場では、アイスの製造を行っていました。これが本社に移行されることにより、三条独自の業務を模索しなければならなくなったんです。当時の工場長は、何か売れそうな商品はないかと口癖のように言っていました」

そのころ、催事場をやっていた東京営業所では、他所から仕入れた笹だんごを販売していて売り上げも好調。そこに目をつけたのが、三条の工場長だった。そこから商品開発を開始し、苦労の末に、

「3、4年かけて、やっと世に出せる笹だんごができた」

というところまで漕ぎつけたそうだ。

当然、他社の笹だんごを売っていた東京営業所でも、自社製品である三条工場の笹だんごを売ることになるのが普通だが……三条工場の関係者が続ける。

「独立採算制により拠点ごとのエゴが強く、三条の工場長と東京の所長が競い合うようになっていたのです。ついには三条の工場長が『東京には回さない』と言い出してしまったんです」

その代わり、三条の工場長は関係が比較的良好だった佐渡の工場に笹だんごの作り方を伝授。それを耳にした東京の所長は、佐渡工場と話をつけ、

「佐渡から買うから、三条のだんごはいらん」

と言ってしまう。

拠点単位の独立採算制を採用することで期待されるのは、競争心が芽生えることによる相乗効果。ところが逆効果となって合理性、生産性とは真逆の結果となった。とはいえ、あらゆる領域が成長していた「昭和」という時代には、このくらいラフな経営の方がマッチしていたのである。

OEM頼りの売り上げ

弊社が慢性的に抱えていたもう1つの問題に〝OEM頼りの売り上げ〟ということが挙げられます。

新潟県民のみなさんからは「セイヒョーは、『もも太郎』を作ってるからアイス屋さん」という認識を持っていただいております。しかしながら、弊社の売り上げの内訳は、

●実は、アイスクリーム全体の売り上げは、弊社の売り上げ全体の30％程度
●その30％のうち、25％をOEMが占めている
●残りの5％が、自社製品のアイスクリームの売り上げで、しかも自社製品と呼べるアイスは「もも太郎」しかなかったという状況だったのです。

この状況は非常にまずい。

実際、私が取締役に就任した2010年（平成22年）には、明治乳業株式会社との

製造委託契約が終了し、弊社は大ピンチに陥りました。ピンチに陥って、初めて自社製品の重要さに気づいたのです。いや、気づいたのではありません。私を含めた役員全員が、ピンチになるまで問題を棚上げして放置していたのです。

大手1社からのOEM契約が打ち切られれば、全体の売り上げの10%近くを失うことになるというのは、深く考えなくてもわかっていたこと。それなのに、目の前にあるリスクとして認識することを避けてきたのです。

（一刻も早く、「もも太郎」に続く自社製品の開発・販売を行わなければ）

この出来事で私は、

「今はこれでいい、という甘い気持ちは持ってはいけない」

ということを学びました。以降、常に先を見て展開を想定することを心がけるようになったのです。

また、弊社が行っている冷凍食品やアイスの卸売業に関しても、安泰とは言えません。メーカーと消費者をネット上で直接つなげるEコマースは、卸売業にとっては大きな脅威。将来的に、卸販売業者、問屋という形態ごとなくなる可能性もゼロではないからです。
目の前のリスクから目を背けずに、対応策に思いを巡らせる。結局、常に考え、考えたことを行動に移す。私たちがやれることは、これしかないのではないでしょうか。

コストがかかる土産品商品「笹だんご」

「もも太郎」と同じく、弊社の主力商品の1つに「笹だんご」があります。東京の表参道にあるアンテナショップ「新潟館ネスパス」では、常に笹だんごが売り上げのトップで、非常に人気のある魅力的な商品。節句のシーズンは、特に需要が多く、最高で1日2万個を製造したときもあったといいます。

笹だんごの誕生の裏にあった、ある意味で人間臭い〝仲たがい〟については先に記した。しかし、商品そのものは、セイヒョーならではの冷凍ノウハウが詰まった、まさに渾身の笹だんごだったようだ。

商品として笹だんごを売るには、「生の笹だんごは3日くらいで硬くなってしまう」という問題をクリアしなければならなかった。日持ちしないため、店頭で売れ残った商品は返品されるというリスクもあった。

これを解決したのが、アイスで培った冷凍技術だった。セイヒョーは、自然解凍するだけで作りたてのやわらかい食感を楽しめる「冷凍・笹だんご」を作ることに成功したのだ。家庭の冷凍庫で1年間保存できるというメリットはもちろん、「冷凍笹」を使っているため、いつでも美しい青色の笹のまま保存できたことも売り上げに貢献した。

また、冷凍笹だんごの人気をさらに押し上げたのが、郵便局のふるさと小包だった。一括納品のため、セイヒョーから全国のふるさと小包の拠点となっている郵便局までは冷凍輸送。その郵便局から個人宅までの配達中は常温配送となり、その間に解凍される。こうして解凍された状態で荷物が届くのだ。

三条支店の郵便局から始まり、販路を拡大しながら全国的にセイヒョーの笹だ

セイヒョー「笹だんご」5つの特徴

1. もち米とうるち米

“もち米とうるち米”をバランスよく配合しており、もちもちした餅生地から作られています

2. よもぎ

だんごの餅生地には、健康によいとされる食物繊維やビタミン・ミネラルを豊富に含む“よもぎ”を練り込んでおります

3. おいしいあずき餡

だんごの中にはポリフェノールや鉄分などが含まれる“おいしいあずき餡”が詰められています

4. 冷凍技術

冷凍でお届けします。ご家庭では冷凍庫で保存していただけます。「冷凍したら硬くなるのでは?」と思われる方もいますが、セイヒョーの笹だんごは、自然解凍後、作りたての食感を楽しむことができます

5. 備え

地震等の災害時も電気・ガスを使用して調理することなく冷凍庫から出していただき、自然解凍後おいしくお召し上がりいただけます

んごが話題になり、郵便局のふるさと小包だけで、7000万~8000万円の売り上げがあった。

しかし、この笹だんごの売り上げは年々、減少傾向をたどっています。その理由はいくつかあるのですが……。

まず第一に、莫大な製造コスト。

笹だんごは、とにかく人手がかかる。大勢のパート女性が、だんごを1個1個、笹の葉で巻いて作っているためです。新潟の食文化の継承という意味合いもあって、地元の小学校では年に1回、学校給食に笹だんごを出すのが恒例だったのですが、近年は予算の関係で削られる一方でした。

第二には、お土産品の多様化。

新潟の三大名産品といえば、笹だんご、日本酒、柿の種でしたが、今はいろいろなメーカーが参入し、いろいろな商品を投入しています。そのため1商品の売り上げは、どうしても薄まらざるを得ません。つまり、お客さまというパイを笹だんご、日本酒、柿の種だけで取り合っていたのが、5品10品での取り合いになっているのが現状というわけです。

そして第三には、日本の少子化問題が挙げられます。

少なくとも昭和の時代までは、一番売れたのは10個入りの笹だんごでした。ところが今は、売り上げのメインは5個入り。家族の人数が少ないから10個入りを買っても食べ切れない。出荷する総個数が減少するのは必然だったというわけです。

主にこの3つの理由から、ピーク時は4億〜5億円あった笹だんごの売り上げは、現状では3億がいいところという状態なのです。では、どうするか。

私は、笹だんごを高額商品として売り抜くにはどうしたらいいか、という方向に考え方をシフトしました。

もちろん、対策を講じたとき、真っ先に浮かんだのはコストカット。小豆も笹の葉も外国から輸入したらどうかと考えました。しかしここで、どこまでも残った疑問が、

（安くすれば売れるのか？）

です。とてもそうは思えません。そこで発想を逆転させてみたのです。

つまり、人の手で丁寧に作られている、人件費がかかっていることが付加価値になりはしないだろうか、と。

さらに、原材料にもこだわったら、付加価値はもっと上がるのではないだろうか、と。

現在、弊社の笹だんごは、あんこは北海道の小豆を使用し、自社工場で炊く完全自社製あんが大きな売りになっています。だんごには新潟産のもち米を使い、東北の笹を仕入れています。そして従来どおり、オートメーション化の波などどこ吹く風と言わんばかりに、従業員が1個1個、手作業で巻いています。

結果的に、売り上げが伸びるということはありませんでしたが、これ以上の減少に歯止めをかけることはできたという手ごたえは感じています。

出荷数の減少をカバーするために単価を高額設定したにもかかわらず売り上げを現

状維持できたということは、弊社が提示した付加価値を、消費者にしっかりアピールできた結果だと考えています。あそこでコストカットする道を選んでいたら、消費者から見放されていたのではないか。そう思い、ゾッとします。

近年のマーケットを俯瞰すると、売れる商品というのは消費者ニーズにしっかりとマッチしていることが重要だと感じるのです。マッチしていないと安くても売れない。逆に、高くてもマッチしていれば売れる。

そして、その商品を求める人がどこにいて、その人にどういう売り方をするのかをしっかり見極める。これも、忘れてはいけない大事なことなのだと思っています。

ただ、これで笹だんごが抱える問題の全てをクリアしたというわけではありません。笹だんごの製造を中止するという選択肢は現状でこそ避けられたものの、手作りを売りにする以上は販売規模をこれ以上大きく増やすことができない状況が続くからです。企業には必ず従業員の給与ほか固定費がかかります。するとやはり、生産性を上げることを一番に考えなければいけない。

現状では、これ以上の売り上げ増が見込めない笹だんごをカバーするため、大福を安価に大量生産して出荷する方策をとっていますが、原材料費や電気代の値上がり幅を計算すると、安くするにも限界がある。

ですから、私としては、早めに次の展開を考えないといけないと考えているところなのです。経営者の悩みというのは、その椅子から降りないかぎり、きっといつまでたっても付きまとうものなのでしょう。

第2章

定時制高校を卒業した私が営業で学んだこと

「鍵っ子」が与えたギフト

私は、1964年の10月15日、新潟県は三条市で生まれました。実家は、決して裕福な家庭ではなく、両親は共働きで、祖父母もいない核家族。私は、小中学校時代は、いわゆる〝鍵っ子〟でした。

「鍵っ子」とは「留守家庭児童」のこと。学校から帰宅したときに自分で鍵を開けて留守宅で過ごす子どものことだ。「鍵っ子」は核家族化と関連している。高度経済成長期に都市部の人口が増え、核家族は1960年代に急増し1963年(昭和38年)には流行語となっている。ライフスタイルの急激な変化に行政サービスが追いつかず、延長保育や学童保育、放課後クラブなどが充実した現在と当時とでは「鍵っ子」のあり方は違うものだった。

夕方、家に帰るとお母さんが晩ご飯を作って待ってくれている……そんな家庭に対しては、羨ましい気持ちを抱いていました。自分のことを不幸だと思っていたわけではありません。クラスには友だちもいますし、一緒に遊んだりもする。しかし、少なからず劣等感を感じていたのも事実でした。

漠然とではありますが、うちは同級生の家に比べて恵まれてないのだろう。いや、正直に言えば、もう少し卑下した感情だったかもしれません。自分の家は同級生の家より下のレベルの家庭なんだろう……そんな自覚があったため、自分の主張を他人に押しつけるような性格ではなかった。悪く言えば消極的な性格だったであろうと思います。

しかしそれは、私にとっては悪いことばかりではありませんでした。自分を主張するよりも、人の立ち位置を、一歩引いて見るような子どもだったことから、ある習慣が自然と身についたからです。

それは〝人間観察〟という習慣。そして、人間観察をしていると、自然と人の立場に立ってものが考えられるようになっていたのです。

その習慣と姿勢は、定時制高校に通っていた4年の間も、19歳で卒業し、セイヒョー入社後に三条工場に配属されてからも変わりませんでした。友だちと遊びに行くときも、職場の先輩に誘われてお酒を飲みに行くときも、人と接する機会には、気づけば人間観察をしています。

たとえば、居酒屋で店員に当たり散らしている男性がいる。その男性を横目でチラチラ見ながら（この人は、どうしてあんなに怒っているのだろうか……）と想像する。とはいえ、その疑問に対して結論を出すわけではありません。ああ、こういう人もいるんだ、と自分の中で咀嚼するイメージと言えばわかっていただけるでしょうか。

また、人間観察をしてると、その人に対して「こうすればいいのに」と思うことがあります。しかし、自分が偉いわけでもないことは承知していますので、意見するようなことはしません。

あくまでも、その人が何を考えているのかをうかがって、自分の立場だったり接し方を考えて対応するということなのです。

もっと以前、私が小学生のころ、人間観察の相手は目の前にいる人ではなく、会話の中の登場人物だったこともありました。

子どものころ、共働きだった両親が、お互いの職場の話をするのを、私が横で聞いている。たとえば、父親が会社の人間の愚痴をこぼし出す。その時点から、私の人間観察が始まります。実際には顔も知らない人ですから、父親の話の内容から（こんな人なんじゃないだろうか）といった想像を巡らせるのです。

父親が「こいつが、仕事のできないやつで」と話し始めると、

（その人、たぶん何の目標も持たずに働いてるんだろうな）

（もっと評価されるように頑張ればいいのに）

といった生意気なことを、私は子どもながらに考える。遊び感覚ではありましたが、

そうしたことが重なるうちに、

「父親の話に出てくるようなダメな大人にはなりたくない」

という気持ちが芽生えていったのだと思います。後でわかるのですが、この気持ちが「価値観」の土台となっていったのではないでしょうか。

決して、父親から「お前はあんな人間になるな」とか「お前は立派な大人になれ」というようなことを言われたわけではありませんでしたが、私が勝手にそう読み取って、「価値観」を自己形成していったのです。

この人間観察の習慣によって、経営者に必要であろう、人を見る目を養うことができたのではなかろうかと、少なからず思っています。先にも書きましたが、人間観察をするということは、その人の立場になって考えるということ。

人には誰しも長所があれば短所もあるもので、短所ばかりを見て切り捨てれば人間関係は狭くなる一方。経営者として人間観察の習慣を生かすならば、その人に合った役割を見つけ出し、伝えることにこそあると言えます。

私は定時制高校時代、叔父の経営する町工場でアルバイトをしていたことがあるのですが、そこで目に入ってくる職人さんのタイプはいろいろ。コミュニケーションは下手だけれども腕は確かな人がいれば、逆に、口ばかり達者で仕事がいい加減な人もいたのです。

（喋ってばかりいないで働けよ）

アルバイトの身分である私から見ても、そう思う瞬間がありました。しかし、この口ばかり達者で仕事がいい加減な人が、工場の雰囲気をいつも明るくしていたのです。

（そうか、あの人は工場のムードメーカーなんだ）

当時の私はそう思うだけでしたが、やはり企業の中に「ムードメーカー」という人材は必要なものです。経営者、上司としてその人の価値がわかれば、後は言葉で伝えればいい。

「あなたはムードメーカーとして、しっかりやってくれ」と。

「もちろん、仕事もきちんと頼むよ」と。

そうすれば、言われた方もやる気が出るはずだと、私は思うのです。

しかしながら、決して人間観察がいいことずくめだという話ではありません。過信すると危険な要素もはらんでいるのです。どういうことかと申しますと……。

人間観察をした揚げ句に私がその人から受けるインプレッションというのは、あくまでも私がそう感じたということであって、その人の本質をきちんと捉えているとはかぎらない、ということです。

「この人はこういう人だ」という思い込みが、コミュニケーションの邪魔をする。

ですから私は、人間観察することを自分の長所だと認識する一方で、自分の判断を過信してはいけないということも、常に頭の片隅に置いておくようにしているのです。

あくまでも人間観察から受けた印象は判断材料の1つであって、全てではないということ。そして、その人と意見を交わす際にはそれを踏まえ、その人に関するいくつかの情報をすり合わせた上で、私自身の意見を通すのか、または私自身が折れるのかという判断をする。

人間観察をすることは、人間関係を構築する上で役立つこともあれば、気をつけなければいけない点もある。一長一短だというわけです。

悪知恵が働く上に憎まれないタイプ

人間観察をすることで私は、人にはいろんなタイプがあるということを、割と子どものころに学んだような気がします。

では、そう言う私自身はどのような人間なのか。正直に言うと、今こうして自身のことを文章にするまで、あまり深く考えたことがないということに気づかされた次第。改めて振り返ってみると、私は自分のことを、決して真面目な人間ではない、どちらかと言えば、悪知恵の働くタイプなんだろうという思いに至っています。

というのも、何かしらの問題を解決したい、丸く収めたいといった際に思いつく案が、世間的に「それはマズいだろ」というものだったり、ちょっとここには書きにくいような、一般的な社会人の手法ではないということが多々あるのです。

今でもよく覚えているエピソードに、次のようなものがあります。

入社1年目、20歳になったばかりのころ、私はプライベートで三菱のミラージュを改造し、車高を低くして乗っていました。決して暴走行為を行ったのではありませんが、ナンパな感じと言いましょうか。ちょっと目立つ車に乗りたいという軽い気持ちでした。

ある日、改造車ということで交通課の警察官に停車させられた揚げ句。2~3カ月の間、車を取り上げられることになってしまったのです。

当時は、仕事としてはアイスクリームの営業マンとして、ルートセールスをしながらも新しい顧客を探す毎日を送っているときでした。

さあ、どこかに買ってくれるところはないかな、と考えたときに思いついたのが、警察の交通課だったのです。私の車を没収した警察官のところに行って、アイスを買ってくれと、営業をかけることにしたんです。

私は基本的に物怖じしないタイプで、当時は「いいこと思いついた」といった軽い感じでした。

「先日、車を没収された飯塚ですが……」

と、アポイントもなく営業しにきた私に驚いたと思いますが、私の反則切符を切った警察官の方は「わかった」と言って、警察署内で注文をまとめてくれたのです。

会社に戻って上司に報告すると、それはそれは驚かれました。何しろ、そのときの私は入社して1年経っていないド新人。

「お前、すげぇな」

度胸があるなと、えらく感心されたことを、今でもよく覚えています。

私が今やっていることは、根っこの部分では、同じことだと思うんです。車を没収されてしょげているのではなく、それをどうやって自分の利益に変換しようかと考える。

そのことを悪く表現すると「悪知恵が働くタイプ」ということになります。

その上、自分を捕まえた警察官が協力してやろうと思ってくれた。自分で言うのも変な話ではありますが、私は〝人から憎まれないタイプ〟なのだろうと思います。

人から憎まれないタイプだということで、ずいぶん得をしてきたと私自身も肌で感じるところではあるのですが……。

昔、営業畑にいたころの上司にこう言われたことがあります。

「お前は軽口もたたかないし、ウソもおべんちゃらも言わないから、周りから信頼されるんだな」

確かに私は、性格的にお世辞やウソがつけないタイプなのです。人に対して正直に接するとどうなるか。私の実感としては、相手も私に対して正直に接してくれる。お互いに理解者になることで信頼関係が生まれる、というイメージなのです。

しかし一方で、正直すぎると敵を作ることになるんじゃないかと言われたこともありますが……私が鈍感なんでしょう、あまり敵を作った記憶がないのです。

これは、先ほどからの〝人間観察〟がプラスに働いた結果ということなのでしょうか。その人を観察し、その人の立場に立って考えてみる。それから行動することで、自然とリスク回避ができていたのかもしれません。

ルートセールスで学んだ〝考えること〟の重要性

私は19歳でセイヒョーに入社してからおよそ26年間、営業畑でさまざまなことを学ばせていただきました。現在、代表取締役ということで社長業に携わっているわけですが、私の仕事に対する基本的な考え方、姿勢というのは8割方、その営業畑で培われたものです。

若輩者である私を育てようと、肥料を撒き、水をやってくれた当時の上司、諸先輩方、そして営業先で関わっていただいた多くの方々にはいくら感謝してもしきれません。

しかし、19歳の私が営業職を希望した理由は、

「外を出歩く仕事の方が性に合っている」

という至極単純なものでした。私が営業人生を歩むことになったきっかけは、こうです。

先ほども少し触れましたが、私は定時制高校時代、叔父が経営していた町工場でアルバイトしていました。従業員10人程度の小さな町工場でしたが、叔父が学業優先と勤務時間にも融通をきかせてくれるなど、非常によくしてもらったことを覚えています。

しかし、卒業が近づくにつれ、自分のことながら身の振り方に危機感が生じたのでしょうか。

「普通の会社で、社員として働かなければ」

と、思うようになりました。そんなとき、地元の三条新聞に、セイヒョーの求人広告が掲載されていたのです。当時の社名は新潟製氷冷凍株式会社で、

〈営業職募集〉

とありました。私の中では（この会社って、確か氷屋さんだよな）といった程度の認識で、実際どんなことをしている会社なのか、まったく知りませんでした。両親に聞くと、

「『もも太郎』を作ってる会社だろ。古くからある、いい会社じゃないか」

それを聞いた私の方も、「ああ、『もも太郎』の会社か」と。それじゃあと面接を受けてみることにしたのです。今にして思えばずいぶん軽いですよね。

ところが面接が始まると、面接が終わる前から、

「明日から来られるか」

と。向こうは向こうで、思えば大雑把な会社だったわけです。

もちろん当時の私が、27年後、まさか自分がこの会社で社長をすることになるなど思ってもいないのですが……。


何しろ当時の私には、どの業界で働きたいといったこだわりは皆無で、正直に言ってしまえば「どこでもよかった」。

ただ、内勤よりも、外に出る仕事の方が性に合っていると思っていました。外に出れば、いろんなことも経験できるだろうし、いろんな場所に行けるといった単純な理由で営業を希望していたのです。

入社直後は、ルートセールスという仕事に就きました。会社のトラックに、見込み

でいろんな種類のアイスクリームを積み、契約先を順番に回るのです。そして、店舗のショーケースを確認して、減っている商品を補充する。新しい商品があれば、それを案内して入れさせてもらう。

初陣の際に上司からは、

「挨拶がきちんとできれば大丈夫だから」

と言われました。その言葉どおり、やること自体は簡単な仕事でした。

しかし次第に、補充するだけではダメなのだということを学ぶことになります。


私が学んだのは〝陳列〟の重要さでした。

車に積んであるアイスクリームには、棒状の商品もあれば、カップ状の商品もあります。それらの商品から、そのお客さんのエリアで売れそうな商品を選んでショーケースに補充するのですが……。

新人営業マンとして訪れた先で、補充した先から、お店の方に陳列を手直しされてしまうのです。気のいい店主の方は、それでもニコニコされていましたが、もしかしたら内心では「これだから新人は困る」と、苦情の1つも入れてやろうかと思っていたかもしれません。

何しろ陳列は本当に難しかった。ショーケースを上から見たときに、全ての商品が目に入ることはもちろん、そのときどきで一番売りたい商品をどこに置くかということも考えながら並べるのです。

考えた揚げ句にきれいに並べることができたからといって、それが正解とはかぎらない。冷蔵庫の中身がきちんと売れて、初めて正解だったということがわかるのです。陳列に関しては、営業課の先輩に上司、そしてお店の方の教えを、謙虚に聞いて学んだ記憶があります。

そして、そのときに私が学んだのは、きれいに陳列するという〝表向き〟のスキルだけではありませんでした。

それは「自分なりに考えることの重要さ」でした。

前回、先輩にもらったアドバイスを参考にして並べたら思いのほかアイスが売れたとします。そこでチャンチャンではなく「もっといい方法はないか」「売り上げを伸ばすために、ほかに何かやれることはないか」と、もう一段追求するのです。

もちろん、教えてもらったことを否定したいわけではありません。単純に、もっといい方法はないかなと再考するのです。

入社当時から、そういった意識を持てたことは、自分のことながら幸運だったと思います。では、具体的には、どのようなことを考えていたか。

1日8時間という限られた就業時間内に、より多くの売り上げを出すためには、いかに上手に陳列できるか。そして、いかに早く次の店に行けるかが勝負だと。

また、店舗による売れ筋商品の見極めも大事だと、そのようなことを考えていたように記憶しています。

当時のセイヒョーには「営業マニュアル」なんてものはありませんでした。担当エ

リアだけ渡されて、

「行ってこい」

というかなり乱雑な「営業」でした。

後は自分で考えないといけない状況だったわけです。

そんな中で私は、同期の営業マンに比べても比較的早い段階で、いい成績を上げることができていました。同期に負けたくないという気持ちも強かったと思いますが、私は考えることで、結果的に同期に差をつけることができたと思っています。

なぜなら、ルート営業で決まった取引先を回り、商品を補充するだけなら、頭を使わずとも「与えられた仕事」自体は完結しているわけです。

「ルートセールス」どころか、こうした「ルーティンセールス」で1日を過ごすことは簡単です。

一方、考えた末にした仕事に関しては、いいにせよ悪いにせよ結果が気になるもの。こうしたからよかったんだ、こうしたことが悪かったのかもしれないと考えることにつながる。

考えることこそ、自身を向上させる唯一の方法なのではないか、とさえ思うのです。

そして、自分で考えなければいけないということに気づけるか。ここは1つの大きなポイントだと私は実感しています。さらに、他人から「考えなさい」と言われて考え始めるのと、自分の意志で考え始めるのでは、大きな違いがあると思っています。

ネガティブな感情をコントロールすることの重要性

また、営業という〝人と接する仕事〟をしていると、感情をコントロールする術というのが、どうしても必要になってきます。

いい結果が出たことに浮かれすぎ、油断が生じてミスにつながることがあります。

ですが、浮かれすぎないように自制することは比較的簡単。

難しいのは、ネガティブな感情をコントロールすることです。

前の営業先で怒られたことを、次の営業先に引きずるようでは、営業マンとして失格。

私の場合は、単純ですが〝ネガティブに考えすぎないようにすること〟を心がけています。もちろん、不用意に相手を怒らせてしまったり、ミスをして迷惑をかけたときなどは反省します。

しかし、いつまでも引きずらない。

こんな言い方をしたら呆れられるかもしれませんが、私は悪いことに関しては、自分でも驚くほど覚えていない。ずいぶん昔に、あの人に怒られて頭を下げたということはうっすら覚えていても、原因となった出来事は忘れてしまっているのです。

特に「人付き合い」はサラリーマン、経営者の誰もが抱える悩み。ネガティブ思考を持たないという意味では、人付き合いに関しても一緒のスタンスです。人間ですから合う合わない、好き嫌いという感情は当然ある。

ですが、苦手なタイプに遭遇したときも、

「なるほど、この人はこういう人なんだ」と感情をコントロールすることができれば、後は深入りせずにある程度の距離を取ればいい。そうすれば、恨むほどの感情は生まれないのではないかと思います。

感情の起伏をコントロールすることができれば、対人関係における苦手意識というものは驚くほど軽減されるものだと、私は思っています。

営業は〝じょせんは人柄〟

感情をコントロールすることの重要性について言及しましたが、そもそも、ネガティブな感情に支配されるようなことが起きないに越したことはありません。

簡単に言ってしまえば「怒られなければいい」ということなのですが……。

みなさんは、このような場面を経験したことはないでしょうか。

(同じことをしたのに、Aくんは怒られて、Bくんは怒られない)

ルートセールスは、お客様からの評価というものがとても重要です。営業マンとい

うのは場合によっては、

「二度とあいつを寄越すな」

と言われてしまう業務で、そうなれば配置を変えるなどしなければなりません。

私も、もちろんミスはたくさんしてきました。しかし振り返ってみると、取引先の方々からは、総じて可愛がっていただいたという印象しかないのです。

「営業」とはいわば企業のダイナモです。営業についてのスキルを解説した本や動画がたくさんあります。そのくらい奥深いと考えている人が多いのでしょう。

元も子もないと言われそうですが、「営業は、しょせんは人柄」というのが、当時を振り返った私の結論です。

だから具体的な「スキル」というものはなく、模糊とした「魅力」や「人間力」を成長させるしかないのではないかと。そうなると諦めてしまう人もいるかもしれませんが、それはあらかじめ備わっていることではありません。日々の仕事の中で確実に伸ばすことができるのです。

私が新人のとき、諸先輩方や上司からよく言われていたのは、「商品を売り込む前に、自分を売り込みなさい」ということでした。確かに、自分を売り込んで信頼関係を築くことができれば、多少のミスは許してもらえたのです。

営業に関しては、仕事が早い、正確であるに越したことはありませんが、それより大事なのはお客様との対話。それこそ「今日はいい天気ですね」なんて世間話から、プライベートな話もしてみたり。

本当に他愛もない会話ですが、そこから信頼関係が生まれるのだということに気づける営業マンは強い。

当時、私の担当エリアを含め、セイヒョーの営業先はおじちゃん、おばちゃんがやってる小さなお店が大多数。営業ついでに世間話なんかをすると、19、20歳の私を、息子の友だちみたいに可愛がってくれるわけです。

するとと、多少のミスは笑って許してくれるようになる。

逆に、人として認めてもらえない段階で、どんなに完璧な仕事をしても、どこかで誰かに足をすくわれる。人間関係が構築されていないと、多少のミスがクレームにつながることになるのです。

私は当時、営業先を回りながら、人間関係、コミュニケーションがいかに重要かを実感しました。ひいては、人間関係を構築することが、結果的に自分の仕事を楽にすることにつながったのですから。

ただしこれも極めて「昭和的」なノウハウです。私の若いころと比べると、現在は営業に関しては人間関係がそれほど重視されない時代なのかもしれません。
どういうことか――我々のような物を作っているメーカーの場合、商品自体に問題がなく、その上でオペレーションがしっかりできてさえいれば、人間関係が構築されていなくてもトラブルに発展する可能性は低く見積もれるのではないか、ということです。

今の時代、営業活動から商品の登録、物流、伝票のやり取りまで、実にシステマチックに物事が進みます。まさに「ルーティン化」です。もちろん、その中でミスがあると怒られることになりますが……。

そのミスを回復しようとする際、場合によってはシステムの見直しが必要になるかもしれませんが、基本的に求められるのは、同じミスをしないということの1点。

そう考えると、昭和の時代はもう少し複雑でした。責められるのはミスだけではなく、先方の心内に「あいつのことは嫌いだ」という感情が加わり、場合によってはそれが、その後の取引の障害になったからです。

そういう意味では、昔の営業スタイルや教訓を、たとえ実体験であっても、今の時代の若い営業マンに押しつけることは適切ではないかもしれない。言い換えれば、私たち年配者の方こそ、時代に合ったワークスタイルにアップデートする必要に迫られているのかもしれません。

メーカー営業マンの腕の見せ所

なぜ2つの相反する「営業哲学」について書いたのか。「昭和的なモノ」が令和の時代に通じないなら、あえて書く必要はありません。書いた理由は、若い世代のある意味ドライな営業スタイルを尊重する気持ちがある一方、経営者としては心配な面があるからです。

それは、営業としての腕の見せ所を理解してくれているかどうか、という点です。

問屋と小売店舗間の営業、一般消費者を相手にした営業の場合は事情が違うのでしょうが……たとえば、弊社が作っているアイス「もも太郎」は、弊社でしか作っていない商品です。

ですから、セイヒョーのことが嫌いだから、ほかの会社から買うということにはならないわけです。

言い方は乱暴ですが、「もも太郎」が欲しければ、当社から買うしかない。

そういったメーカー優位とも言える状況の中で、営業の腕の見せ所はどこにあるのかというと、それは「もも太郎」にくっつけて、ほかの商品を売り込めるか否かであります。

ここを、営業マンが理解してくれているかどうか。これは会社にとっては小さいことのように見えて大きな問題です。

世の中には、あってもいいが、なくてもいいという商品がたくさんあります。その、なくてもいい商品をいかに置いてもらうかというのが、営業の仕事。そこで試されるのが営業の力量だというわけです。

そして、その力量を発揮するためには信頼関係が必要ということになるのですが〝信頼関係の質〟が、今と昔では違うのだと思うのです。先ほども書いたように、昔は自分を売り込んで得る信頼関係、つまり個人間のコミュニケーションがあって成り立つ信頼関係が大事でした。

一方、現在の営業活動の中で必要とされる信頼関係は、システムの中に生じるもの。提案するタイミングの問題であったり、情報の正確さや、物流など工程の精度であるとか。どちらかというと、システマチックな話になりましょう。

しかしこれは、1つの営業活動がルートに乗った後がシステマチックだという話。スタート地点に立つ前は、今も昔も人と人。人間関係の優位性というのは残っているはずなのです。

ですから、私がときどき社員の若い営業と話をするときは、

「とにかくお客さんのところに顔を出しなさい」

と言うのです。顔を出すことで信頼の置ける人間だということをアピールして、その上で信頼に足る仕事をする。これが営業に求められる最低レベルのスキルだと思うんです。

そして、その仕事が軌道に乗ったならば、今の時代に合わせてシステマチックに進めればいい。

もし、人間同士で響き合うものがあるのなら、個人間の関係を深めるもよし。ただ、昔のように人間関係が100％ではなく、システムへ依存するウエイトが大きくなってきているのだと、私は解釈しています。

では仮に、個人間で信頼を失い「二度と顔を見せるな」と相手に言われてしまったらどうするか。システマチックに進む中とはいえ取引が中止されかねないような重大なミスを犯してしまったらどうするか。これはもう、誠心誠意、謝罪するしか方法はありません。

信頼関係を損なうようなことをして怒られる。すると、そこに顔を出しづらくなる。避けて通れるなら、避けて通りたいのが人間です。

しかし、避けて通ってしまうと、かえってまずいことになるということを、私は営業時代に学びました。嫌な顔をされながらも、顔を出し続けないと、信頼は回復できないものなのです。

実は、この古い伝統と新しいシステムの融合が、現在のセイヒョーの成長につながっているのです。

私なりの〝内発的動機づけ〟によるモチベーションの保ち方

（内勤よりは外回りの方が性に合っている）

といった軽い動機で営業仕事を志望した私でしたが、実際、営業の仕事は面白かった。自分に向いていると感じながら働くことができていました。

人間観察がクセなので、仕事とはいえ、いろいろな人に会うのが楽しかったのです。ただし、付き合い方としては、同じ方に何度も会ってその人を深く掘り下げるというよりは、より多くの人と会って、いろんな話を聞いてみたいと思うタイプでした。

そして、機会があればいろんなことにもチャレンジしたい。その方が、飽きないからです。

今、「飽きない」と書きましたが、これに言及するなら、すなわち飽きないようにモチベーションを保つということ。これまでを振り返ると、私にとってモチベーションを保つということは、とても意味のあることであったように思います。

私は自分のことを、どちらかと言えば〝飽き性〟だと思っています。しかし、今の仕事に飽きたから会社を辞めてほかの場所で働くといった発想にはならない。飽き性とは言っても、与えられた仕事は続けるタイプで、その代わり、モチベーションを保つためにできることを探すのです。言い換えれば、私は自身を、

「飽き性だということが自分でわかっているから、飽きないように工夫をするタイプ」

なのだろうと思っています。そうしながら、何か新しいことにチャレンジする機会をうかがっていたように思うのです。

モチベーションは一般的に、個人の内面的な要因から湧く意欲（内発的動機づけ）と、報酬や評価といった外部から得られるものを目標に湧く意欲（外発的動機づけ）、大きくこの2つに分けられると言われます。

もちろん実際の保ち方となると人それぞれ。

私の場合は、どちらかといえば内発的動機づけ。「ほかの人に負けたくない」という単純な気持ちを、モチベーションを保つための道具にしていたように思います。

それを〝昇進欲〟と言うと生々しくて嫌ですが、小学生時代から高校時代まで、ソフトボール、野球、バスケットとスポーツをやっていた影響か〝上昇志向〟はあったと自覚しています。

チームにいれば、やっぱりレギュラーになりたいし、試合をすれば勝ちたい。

定時制高校に通いながら町工場で働いていたときもそうでした。何人かで手作業をしてるときに「あの人より早くやろう」とか。あの人が1時間に20個作るなら「自分は25個作ろう」「あの人より10分早く作業を終わらせよう」とか。

相手には伝えるわけではありません。私の気持ちの中だけで、勝手に勝負が始まるんです。

セイヒョーに入社してからも、課の中で1番になることを意識して仕事をする。そして1段、階段が上がったステージで、また1番を目指す。

そして、勝つためにはどうしたらいいかを考える。特別に意識してやっていたわけではありませんが性格なのでしょう。

これが習慣になったまま現在に至るわけです。

モチベーションを保つために、目標を設定する。昔と違い、年齢を重ねて立場が変わったため、設定する目標の規模は徐々に大きくなっていきました。しかし、立てた目標をどのように達成するかを考えるという工程自体は変わりません。基本的には、やってることは子どものころとまったく一緒なのです。


子ども時代に、父親から自身の名前「周一」の由来を聞く機会があった。父は幼い飯塚氏に、

「周りで一番になれという意味でつけた」

と語った。飯塚氏はこう続ける。

「その話が頭の中に刷り込まれた結果なのかはわかりませんが、いずれにしても、性格的に上昇志向を持つことができたことに関しては幸運だったと感じています」

もちろん、意識の上に努力が積み重なってのことには違いないが、飯塚氏本人は、
「うまいこと、名が体を表してくれました」
と言って照れ笑うのだった。

積極的かつ、謙虚であれ

ここまで、私なりの営業に対する考え方を述べてきました。繰り返しになりますが、これが正解というわけでは、決してありません。

物事には完全解というものはなく、ただ最良解を追求するくらいしかできないのです。もし「完全解だ」と思ったとしたら、そこには奢りや慢心があることを疑うべきです。

特に現代は多様性の時代。仕事の仕方に関しても、多様性が尊重されてしかるべきだと思います。つまり、同じ商品を売るにしても、売り方は営業マンそれぞれでいい

と思うのです。
自分が持っている個性や素質がどんなものであるのかを理解し、それを仕事に生かすこと。少子高齢化の100歳時代にあって、人生のうち50年以上を「労働」という作業に費やさなければならない。このことを鑑みれば、これはとても重要なことに違いありません。

しかし、そうやって個性を出しながらも、働く上において忘れてほしくないことが1つあるのです。それは「謙虚であれ」ということ。

たとえばモチベーションを保つために、何か目標を立てます。そして、いろいろと努力をして目標を達成する。もちろん、これは評価されてしかるべきことですが、問題はその過程です。
仕事の進め方として「俺が俺が」と自己中心的であったり、人のことを考えないといった態度が見えると、周りが協力をしてくれなくなる。

その結果、独りよがりな仕事しかできなくなってしまうのです。

発言力も行動力もあり、営業成績の優秀な同僚がいたとします。しかし、この同僚は、自分の成績がいいことを鼻にかけ、自慢をし、ときには人を見下したようなことを言う。そんな人間がある日、大きなミスを犯します。さて、あなたはこの同僚を助ける気になるでしょうか。

もちろん職務としては助けますが、心の中では助けたいとは思わない。そのわずかな差が結果につながるのです。

謙虚という言葉を辞書で引くと、

「自分を偉いものと思わず、すなおに他に学ぶ気持ちがあること」

「控え目で、つつましいこと」

という2つの意味が出てきますが、私が言う謙虚の意味は前者。営業マンに対して「控えめで、つつましくあれ」というのは、少し違う気がしますね。がむしゃら、大いに結構。ですから、あえて逆の言葉をプラスして、営業マンは「積極的かつ、謙虚であれ」と言いたいのです。

謙虚な人、偉ぶらず、素直に学ぶ気持ちが見える人間というのは、周りから好かれるのです。信頼されるのです。困ったときには協力もしてくれるし、助けてもくれるのです。

こんなことを書くと年寄り臭いと言われそうですが、「多様性」を尊重する一方で私は今の若い人たちに関しては〝事なかれ主義〟的な人が多いイメージを持っています。

何もしなければ失敗しない。失敗しないということは、何もしていないことと同義ということにならないでしょうか。

麻疹《はしか》や風疹、水痘《すいとう》は大人になってから罹ると、症状が重くなるという話をよく聞きます。失敗もそれと一緒。若いうちに失敗を重ねることは、人生経験で絶対に必要なことです。

私も若いころは多くの失敗をしてきました。そして、若い人を見守る立場になった今は、私の上司がそうであったように、

「積極的に出た結果の失敗ならいい。責任は俺が取るから思い切ってやれ」

と言える大人でありたいと思っています。

「積極性」とは「リスクを負う」ということです。管理する立場、経営の立場になれば、否が応でも「リスク」を背負わなければならない場面と出くわします。若いうちから積極的にリスクを負う習慣を身につけなければ、そういうときに対応できない。セイヒョーを今日のようにした裏側には積極的なリスク対峙があったのです。


失敗を恐れず、積極的な姿勢で仕事に臨む。そして、謙虚な気持ちを持って目の前の仕事にあたる。そういった姿勢が信頼を生み、周りには自然と協力的な人間が寄り集まってくるものです。

人の行動というのは、人から煙たがられてしまうか、支持されるか、2つに1つ。支持されるということは、応援してもらったり、場合によっては協力を得られるとい

うこと。自分の行動を好意的に見てもらうためには、謙虚であることが不可欠だと思うのです。

従業員に対してあまり口出ししない理由

先ほどは、若い人に対し「失敗は恐れずやれ」などと偉そうなことを書きました。そう思っていることは確かなのですが、私は普段は、従業員に対して口を出す方ではありません。

あるテーマがあったとき、要所要所で「あれはどうなった？」と確認はするようにしていますが、「ああしろ、こうしろ」と細かく指揮するタイプではないのです。

仕事上で発生した問題、揉め事に対しても同じスタンス。すぐに私が出て行ってジャッジをするのは簡単ですが、考えてもみてください。お互い譲れない主張があってケンカをしているところに、いきなり上司が割り込んできて、話も聞かずに上司の都合でジャッジする。

上司に意見を却下された側は、

「俺には俺なりの考えがあるのに」

と思いながらぐっと言葉を飲んで矛を収めるが、ストレスだけが残る。2人の間のしこりも残ってしまうでしょう。

もちろん、これは仕事上で発生した揉め事の話。上司がこれに割り込もうとする際、お互いの話をよく聞く必要はありません。割り込んだ以上は、上司は自らの判断でジャッジを下す責任を負うことになるからです。そもそも、プライベートな個人間の揉め事であれば、上司が出て行く必要はまったくありませんから。

少し話がそれましたが……私が従業員に対して口出ししないのは、そもそも私自身が一から十まで教わってやってきたわけではなく、入社間もないころに諸先輩方から何かにつけ「自由にやれ」と言われて育った経緯があるからです。

一方で私は、自由であることに対する不自由も自覚していたように思います。不自由と言うと語弊があるかもしれませんが……つまり、行動にはよきにつけ悪しきにつけ必ず結果という判断材料がつきまとうということです。

自分の判断で自由に動いた結果が営業成績として判断される。ですから、自由なりにちゃんと考えて仕事をしなければいけないとは思っていました。

私自身が、営業マンとしてそのような環境で育ってきたため、代表取締役としての自身をタイプ分類するなら、よくも悪くも「人に任せるタイプ」「放任主義」ということになるでしょうか。


「人に任せるタイプ」だという飯塚氏の自己分析は、従業員の方々にはどう映っているのだろうか。同社執行役員・管理部長の安藤氏に聞いた。

「下の人間から言わせると飯塚社長は〝ゆる・しっかり型〟と言うのでしょうか。緩い感じのようで、見るところは見ている。フレンドリーだし、フランクだという印象が強いですが、締めるとこは締める印象があります。言葉は悪いですが、自由に泳いでいると思って油断してると、あるときパッと捕まってしまう（笑）」

飯塚氏の思いは、しっかり従業員に伝わっているようだ。

私自身、経営者である以上もっとしっかりと仕事の進捗の管理をするべきなんだろうと思わないわけではありません。ですが、向き不向き。社員を一から十まで管理するというやり方は、私は得意ではないのです。

ですから事前段階で、中間管理職の方々にテーマだけはしっかりと伝え、その後それぞれのやり方で、テーマに向かって行ってくださいというイメージ。方向性、軌道がズレてきたときに、口を出すことはありますが、仕事が動き出してからはある程度、任せてしまった方がうまくいくという感触があるのです。

従業員に求めるのは〝当事者意識〟

代表取締役という立場に立ってみると、社内の困った状況に頭を悩まされることになります。ここ数年の大きな悩みの種といえば、

「私は会社員だから、会社に言われたことだけやります」

というタイプの従業員。会社がやれと言えばやるし、やるなと言えばやらない。

そのメンタルには、決定的に当事者意識が欠けているのです。

しかも、決して少なくない数の従業員に〝当事者意識〟の欠如が見受けられる。

予防線を張るようですが、これは私の理想論です。何も「当事者意識がない人間はいらない」といった乱暴なことを考えているわけではありません。

しかし、それでもやはり従業員の方には当事者意識を持って働いていただきたい。

私がそう考えるのには、いくつかの理由があるのです……。

決して自画自賛するわけではありませんが、私は子どもの時分から、何事に対しても当事者意識を持って考える方だったと思っています。

〝人間観察〟する習慣があったことに触れた際に書きましたが、人を見て、自分だったらこうすると、その人の立場になって考える。

自身を振り返れば、私の当事者意識の芽生えはこのタイミングだったのだろうと思います。

考えてみれば割と、早熟だったのかもしれません。しかし自身の中に当事者意識を芽生えさせる方法、タイミングは人それぞれでしょう。

とはいえ、当事者意識に限らず〝意識〟というものは持とうと思った瞬間から持てるものではありません。意識というのは長年の習慣があってこそ自身の中に根づくもの。

ですから、初めの一歩は早いに越したことはないと、私は思っています。

さて、ここからが、私が従業員の方々に当事者意識を持ってもらいたい理由です。

会社には目的があり、社員全員が同じゴールを目指しますが、その過程では大なり小なり問題が発生するもの。

何かしらの問題が生じた際、当事者意識がある人であれば、自分で考え、対処することができるでしょう。

では、家族旅行をしたいから休暇を取りたいといったケースだとどうでしょう。当事者意識を持っている人であれば、社内や取引先に根回しをして、仕事を前倒しにするなど必要な行動を取るはずです。

一方、当事者意識のない人は「仕事が忙しすぎて休みが取れない」と不満を漏らす。もっと悪い場合、抱えている仕事を放り出して自分勝手に休みを取る。

前者の方が、その人個人にとっても組織にとっても、発展性があることに疑いの余地はありません。

私が、当事者意識を持つことが必要だと思う、2つ目の理由はこうです。

当事者意識のない人がいるかぎり、1つの場所で発生したあるミスが、別の場所でも繰り返されることになる。

これは、会社組織としては致命的。取引先から改善能力が欠如した会社だと見なされれば、これはもう会社生命に関わる一大事です。

同じ事故、問題が発生するのは、周囲の人間が「自分には関係がない」と思っているから。しかし、そう思っていると、何かの拍子に今度は自分が同じミスを犯すことになる。

ミスを犯した人には、問題を起こしたという自覚を持ってもらうため、場合によっては責任を取らせることが必要でしょう。そうすれば、その人は同じミスはしなくなる。

そう考えると、ミスを犯した人間から順番に当事者意識が芽生えるということが言えるのかもしれません。しかし、会社としては、そんな悠長に待ってもいられません し、それを容認できる寛容な会社が存在しないだろうことは、疑う余地もありません。

ですから、会社としてできることは、起きた問題を会社全体に周知すること。そうすることで「自分も気をつけよう」と思ってもらう。

当事者意識を持ってもらうことは、起きうるミスを予防することにつながる。これが大きい。ですから経営者としては、従業員全員に当事者意識を持ってもらうことが理想であり、現実的に考えて実現は難しいということも頭に入れつつ、何かしらの取り組みをしなくてはいけない。

では、具体的には何ができるでしょうか。私は、朝礼や会議の場などで根気よく伝えるしか方法はないと考えています。

「目の前で起きていることは、他人事ではなく自分のこととして考えてみてください」

と言い続けて意識改革を促す。

会社には毎年、新しい人間が入ってきます。先輩である従業員たちがしっかり当事者意識を持っていれば、黙っていてもそれが新入社員にも伝わり、やがて社風になっていく。こんな流れができれば言うことはありません。

とはいえ、一方で働き方は人それぞれだという認識もあります。ですから経営者としては、自主性のある人には仕事を任せ、当事者意識を持てない人に対しては、相手の特性を理解した上で管理していくという作業が必要になるのだろう、と。

非常に悩ましいことではありますが、そんなことを考える今日このごろなのです。

特に過去のセイヒョー経営陣は「当事者意識」が希薄な人たちが集まっていました。そうなれば「終わり」に向けた「持続」しか道はないわけです。だから「当事者意識」を持つ意識を早めに持ってほしい。

それこそが企業の足腰なのではないかと私は思うのです。

セイヒョーでは各拠点で朝礼や会議を定期的に行っている。

「毎回、全ての拠点に出向くことは物理的に不可能ですが、ポイント、ポイントで顔を出すようにしている」

という飯塚氏に、具体的にどのような話をしているのかをうかがった。

「たとえば、2022年にウェルスブラザーズと資本提携する際の会議では、資金が必要な理由と目的を伝えました。また、2023年3月に新工場を建設するための建設用地を取得した際は、建設用地を取得する上での、経営側の考え方を具体的に伝えました」

ここでのポイントは、会社全体に当事者意識を浸透させるためには、抽象的な話をするのではなく、より具体的に、できるだけ隠さずに伝えることにあるようだ。

では、朝礼や会議で話をする際に注意している点はあるだろうか。

「私は、話すのが上手な方でも好きな方でもないので、あまり長くは喋りません。壇上に立つのは時間にして3～4分でしょうか」

10分も20分も話すと、最終的に何を喋ってるのかわからなくなる上、聞いている方も「結局は何が言いたかったんだ？」と混乱するからだと飯塚氏。伝えなければならないことを過不足なく伝えるためのポイントと言えそうだ。

第3章

ゼロから出発したからこそできた改革

不毛な取締役会議

第1章では株式会社セイヒョーが歴史的に歩んできた道のりと、昭和的経営が持続したことによる問題点を、第2章では飯塚氏の生い立ちを追いかけながら、営業マンとしてのビジネス観念に言及した。

第3章では「飯塚氏の代表取締役就任」、「上場廃止の危機」という、セイヒョーにとっても、飯塚氏にとってもターニングポイントとなった事柄を中心に話は進む。

飯塚氏は、次々と面前に現れる〝分岐点〟で何を考え、どのような道を選択するのか。事業拡大に舵を切るという重大な決断に至る直前、飯塚氏の頭の中では、

「セイヒョーとは、そもそも何なのだ?」

という根本を問う疑問が浮かぶことになるのだが——自問の末にたどりついた答えとは、どのようなものだったのだろうか。

19歳のときに入社して以降、ちょうど20年目に当たる2004年(平成16年)に新潟本社に転勤になったことは、私にとって大きな転機でした。以降、役職のなかった一介の営業マンから、営業部・新潟支店次長、新潟支店部長、新潟支店長と立場が変わり、2010年(平成22年)に取締役に就任したのです。

このころは、ご存じのとおりバブル崩壊以降の「失われた30年」と呼ばれる、日本経済停滞期の真っただ中。弊社も例に漏れず、1995年(平成7年)には、社名を現在の「株式会社セイヒョー」に商号変更するも暗中模索。その2年後には、消費が低迷する中で追い打ちをかけるように消費税が3%から5%に引き上げられ、同年にはアジア通貨危機も発生しました。

そして、2008年(平成20年)にはサブプライム債の破綻を原因としてリーマン・ブラザーズが破綻。世界的金融不安が広がりリーマン・ショックが発生し、日本にはやや遅れて巨大な影響が訪れます。

「サブプライム」とは年収2万5000ドル（約270万円）以下の層を指す。アメリカにはサブプライム向けの住宅ローンがあったが、このローンのおかげで、1990年代中盤からアメリカで住宅ブームが起こる。1994年には64％だった住宅所有率は、2004年に69・2％にまで跳ね上がった。

サブプライムローンを使えば、年収120万円程度の不法移民でも約8200万円の住宅を購入することができる。「てこ」を意味する「レバレッジ」は、担保の何倍もの金額を取引するハイリスクな方法だ。サブプライムローンでは家を担保に発行される債券に、実に最大100倍のレバレッジがかけられ82億円もの額となって運用されるといった、信じがたいことが横行した。

当時は国際的な規制が存在せず額面だけが巨大化したペーパーマネーが、さらに別なペーパーマネーの額面を膨らませるという循環が起こった。

しかし2006年ごろから原資であるサブプライムローンが延滞し、不良債権化が起こる。2007年、それに耐え切れなくなったフランスのBNPパリバの傘下金融機関が、投資家の解約を凍結した。

こうしてBNPパリバ・ショックが発生し、この影響で翌08年には、リーマン・ブラザーズが経営破綻。負債総額は実に約6000億ドル（約64兆円！）となり、現在でも清算業務を行う法人が存在している。

この結果、「金融」に対する信用不安が起こり、世界中の金融の流れが停止に近い状態に追い込まれた。

リーマン・ショックでわかったのは、金融の停滞が実体経済に影響を与えるまでタイムラグがあることだった。特に日本の閉鎖的な金融環境はショックに対するある程度の防波堤にはなった。世界の影響に比べれば小さかった。

とはいえ日本の金融機関もアメリカの金融商品に投資していたため、巨額損失を被った。また、円高ドル安が進み、日本の輸出産業に打撃を与える。

アメリカや欧州などの主要国の経済が急速に悪化し、「外需」が激減したことで、日本の自動車や電気機器などの輸出が大幅に減少した。日本のGDPは年率で2008年10月〜12月期にはマイナス12・7%と第1次オイルショック時のマイナス13・1%に次ぐ戦後2番目の落ち込みを記録する。

このことで内需が低迷し企業の業績悪化や倒産、雇用・所得の減少。消費者や企業の設備投資マインドは大幅に低下した。個人消費は2008年4月〜2009年3月期まで4四半期連続でマイナス成長したほどのダメージだった。

リーマン・ショックはセイヒョーの経営を直撃する。

企業としては一枚岩で難題に当たらなければいけない、そんな状況の中、弊社の内情はどうだったか。サラリーマンになって初めて〝取締役会〟というものに出席する機会を得た私は不安にさいなまれました。

（この未曽有の事態にあって、こんなに中身のない会議をしていて、大丈夫なんだろうか）

きちんと議論しなければいけないことは、山ほどありました。そんな中で会議の内容はというと、悪口の言い合い、足の引っ張り合い、責任のなすりつけ合い。罵声ばかりが飛び交っていたのです。

その原因というのは、当時、それだけ業績がよくなかったという話なのですが……。

（そうか、人の悪口を言い合うのが取締役会なんだ）

私がトップによる経営の意思決定の場所で受けたのは、このような笑い話にもならない印象でした。

取締役会は、本来は現状に対して何をどうするかという方針を固めるためにするものですが、そういった内容は微塵も出てこない状況だったのです。

とはいえ私にも、どうすればいいという具体的な策は何もありません。

「ただ漠然と、不安にさいなまれていた」

というのが正しかったのかもしれません。

社外取締役社長を招くことへのアレルギー

私が取締役を経て、株式会社セイヒョーの代表取締役に就任したのは2011年（平成23年）の5月。前年には、明治乳業株式会社との製造委託契約が終了するというさらなる危機に直面し、会社組織として何かしらの方向転換を迫られている時期でした。

そんな大事な局面を担う代表取締役に、なぜ、私が選ばれることになったのか。

先にも触れたとおり、私の最終学歴は定時制高校卒。たまたまセイヒョー（当時は新潟製氷冷凍株式会社）の求人を見て入社した、何の変哲もない男です。負けん気の強さから営業成績に関しては数字を残したとの自負はありますが、ある程度まで役職が与えられこそすれ、代表取締役になるなど、思ってもいませんでした。

しかし、周囲は私を担ぎ上げた。その理由を、私は〝消去法〟だったのだろうと思っています。というのも、弊社には当時、

「誰か、社内に代表取締役を任せられる適当な人間はいないのか」

という、社外取締役に対するアレルギーともいうべき空気が流れていたからです……。

話を整理するために、私を含め弊社の歴代・代表取締役の変遷を追うと、以下のようになります（敬称略）。

●初代社長（第1期〜第8期）有田清次
●第2代社長（第9期〜第34期）高杉石藏
●第3代社長（第35期〜第59期）高杉儀平
●第4代發長（第60期〜第69期）高杉隆平
●第5代社長（第70期〜第79期）新田見賢五
●第6代社長（第80期〜第82期）梨本操
●第7代社長（第83期〜第95期）村山勤
●第8代社長（第95期〜第98期）菅豊文
●第9代社長（第98期〜第100期）山本勝
●第10代社長（第101期〜）飯塚周一

ご覧のとおり、2代目以降4代目までは当時の財閥であった高杉家の人間が歴任します。5代目の新田見氏は高杉家の親戚筋に当たるのですが、この方が急死なさったことで、初めてプロパー従業員出身者から、当時専務だった梨本氏が6代目として選出されました。

その後、弊社にとって初めての社外からの代表取締役となったのは、7代目の村山氏。この方は大株主として監査役として弊社に入られた人物です。そして、8代目の菅氏と2代14期にわたり社外の方が代表取締役を務められることになるのですが……菅代表取締役時代に問題が発生するのです。


社外から代表取締役を迎えることは、ときに組織に好影響をもたらすが、ときにハレーションを生む。老舗企業に金融機関や新興企業から取締役が派遣されると、社風や人情も何もない「改革」が行われることは多い。

いいことばかりではなく、逆に社内が疲弊する暗黒時代を迎えることもよくある話だ。

株式会社セイヒョーに、後々まで尾を引く〝社外アレルギー〟を根づかせることになる出来事は2006年5月から2008年8月までの8代目である菅豊文社長の時代に起こったという。

飯塚氏はこう語る。

「菅元社長は、セイヒョー歴代の代表取締役としては、初めて外部から迎え入れられた方でした。私は、菅元社長はセイヒョーに近代化をもたらした貢献者だと思っています。それまで工場単位で独立採算制だった会社のやり方に、初めて異を唱えたのが菅社長だったんです」

そもそも、菅元社長は、7代目社長が、当時一番の取引先だった明治乳業のグループ会社で社長を務めていて、そこから引っ張ってきた人物。8代目を継ぐとセイヒョーが長年続けていた「古い慣習」から脱却させるべく、営業本部、生産本部、管理本部の三本部制を導入した実績がある。

しかし、菅元社長の補佐役として脇についた人間に問題があった。当時の元社員が明かす。

「その人物はセイヒョーがお世話になっている取引先の出身で、7代目社長の下についていた方です。菅さんが入ってきたら、7代目と菅さんを両天秤にかけて乗り換えるような人だったんです。

2006年5月の株主総会で取締役に選任されて管理部長となり、同時に菅さんが8代目に就任。すると、押さえつけられていたものがなくなった結果、猛威を振るい始めたのです」

自分に有益な情報を上げてくる女子社員に、

「お前は明日から課長だ」

と言っていきなり人事を動かす。さらに正当な理由もなく自身の役員報酬を上げてしまうなど、とにかく「根回しゼロ」の突発指示が続いた。

悪いことに、外部出身者の菅元社長は社内事情に精通していなかったため、この管理部長の言い分を鵜呑みにしてしまったという。

「しかし、あれだけ悪行が続けば、さすがに菅さんも気がついて、この管理職を遠ざけるようになったんです。菅さんが自身の提案を受けつけなくなってきたので、常勤監査役になり、取締役を監視することができる（存在感を示せる）立場になったことも関係して、飼い主に噛みつく行為に出たんです」

まさに会社の意思決定部門が内紛状態になったということだ。小さなミスを、「菅社長が生産事故をもみ消そうとしている」と騒ぎたててことを大きくし、取締役会にかけて菅氏に責任を負わせようとしたのだとか。

詳細を知る一部中枢の人間から見れば、菅元社長は、ある意味で「被害者」とも言える。ところが事情を知らない多くの社員の目には、社外からやってきたトラブルメーカーとして映ってしまった。この一連の出来事が、株式会社セイヒョーに〝社外アレルギー〟を根づかせた発端だ。

その後、菅元社長は社内クーデターを受ける形で辞任。とはいえ事実上の「解任」の憂き目にあって代替わりする。

次期社長選出時には、当然のように〝社外アレルギー〟が発症した。

序列から言えば次期社長は専務ということになるが、当時の専務というのが菅元社長が外部から連れてきた人間だった。そこで取締役会は常務であった山本氏を9代目に就任させる選択をする。

さらにリーマン・ショックの影響で、２００９年9月に民主党へと政権交代。この時点で1ドル約90円だったが、２０１１年10月には約75円まで上昇。この戦後最高の円高水準に、国内企業は喘ぐことになる。

この平成不況まっただ中で就任した9代目時代は業績が上がらず2年で交代。10代目として飯塚氏が代表取締役に就任することになったのである。

振り返れば、菅元社長は決して悪い人ではなかったと、私は思っています。私がアイスの責任者だった当時に話をさせていただく機会がありましたが、市場に理解があって的確なアドバイスをくれたことを思い出します。

しかし、悪い言い方ですが〝悪意のある人間に、いいように操られてしまった〟というのも事実。私自身も、この一連の出来事を受けて社外アレルギーを感じるようになっており、9代目として社外出身者であった専務ではなく、社内出身の山本常務が選出されたことに胸をなでおろしたものです。

ところが、残念なことに山本社長時代は短命に終わってしまいます。お家騒動のゴタゴタが尾を引いた上に業績が上向かなかったことで、株主、銀行筋から退任を迫られてしまったのです。

自然、社内には「次は誰だ」という空気が流れますが、そして、その空気は「もう社外からの取締役は勘弁してくれ」という社内感情をはらんでいる。企業組織として改革が求められた時期だけに、社外の人間を迎え入れる選択肢は当然あったと思います。そんな中で、なぜか私が選ばれた。そこには、（今出ている候補者の中では、飯塚が一番ましだろう）という社内的な打算があったのだと思います。

手探り状態のままぶつかった人事の壁

振り返れば、「飯塚、お前どうだ?」と代表取締役を打診されたのは、東日本大震災が発生した翌週でした。日本列島を襲った未曽有の危機が、自分の判断に影響した

ということはありませんでしたが、

(自分には無理だ)

というのが正直なところでした。

人には向き不向きがあります。子ども時代を振り返っても、私は決してクラスの学級委員長に選ばれるようなタイプではなかった。学級委員長と言えば真面目で勉強もできる人間がなるものと相場が決まっていますが、子どものころも、そして社会人になってからも、私はそういったタイプの人間ではありませんでした。

しかし一方で、社外を含めた候補者の一覧を眺めてみると、私自身の頭にも、

(この中では、俺が一番ましか)

という感想が浮かんだのも事実。最終的には、

「社外から招くくらいだったら、仕方がないから私がやります」

といった、かなり消極的な気持ちで打診を受けたというのが実情だったわけなのです。

代表取締役就任直後は、正直に言うと、何をしたらいいのかさっぱりわかりませんでした。何しろ、引き受けたものの、社長になって何をしようという抱負も何もなかったからです。加えて、営業畑での経験しかなかったため、経営はおろか、経理や総務といった部署の仕事内容、諸事情もよく知らない。

そんな徒手空拳の状況の中で、私にできる唯一のことは〝話を聞くこと〟でした。

社内の人間に、

「これは何？　じゃあ、これは？」

と聞いて回る日々が続きました。また取引銀行や証券会社の担当者、会計士、顧問弁護士といったステークホルダーと呼ばれる方々のもとにも、足しげく通いました。とにかく、いろんな人に話を聞かせていただき、わからないことを1つ1つ減らしていかなければならなかったのです。

さらに、私が一番頭を悩ませたのは役員人事でした。「セイヒョーは生まれ変わる」という意思表示を社内外に示す意図もありましたので、当時私より10歳、20歳も年上の役員に、

「私が、新たに役員を選びます。申し訳ないけれど、役員を降りてください」

と伝えなければならなかった。もちろん、揉めないはずがありませんから、役員を降りていただく代わりに権限付きの顧問といったポジションを用意するなどして臨みました。

あのときの気まずさは今でも忘れられません。

代表取締役に就任した当時の私は46歳。社内には年上の先輩、上司だった方がたくさんおられるわけです。私が一番懸念したのは、そういった方たちに、

「年下の社長には従えない」

と思わせてしまうことでした。そうなればまた内紛が繰り返されてしまう。一枚岩で乗り切らなければならない危機的事態にあって、これだけは絶対に避けなければいけない。

（先輩後輩、上司と部下といった立場が逆転したとはいえ、何十年も一緒に仕事をしてきた関係じゃないか。私の思いを伝えることができれば、きっと受け入れてくれるに違いない）

こと人事に関しては、そういったイメージを自分の中で強く保ちながら進めていくしかありませんでした。

そして、そのような意思を持って臨んだ以上、その後の人事はコロコロ変えてはいけないと肝に銘じる。自分が代表取締役として、考え抜いて打ち出した方針は、ギリギリまで保持するのだという感覚だったことを覚えています。

『安倍晋三　回顧録』（中央公論新社）では、安倍元総理が同様の苦労をしていることが明かされている。

安倍元総理は小泉政権時代に、トップだった小泉純一郎氏から有無を言わさず「自民党幹事長」を命じられた。2003年9月20日就任時の年齢は49歳で、歴代の自由民主党幹事長の中で3番目の若さでの就任記録だ。

小泉氏は「73歳定年制」を導入したということで、幹事長は並み居る大先輩に引退を勧告しなければならなかったのである。

「大勲位」こと中曽根康弘は橋本龍太郎総裁－加藤紘一幹事長時代に党から比例北関東ブロック「終身比例1位」を約束されていた。『回顧録』では、「君はどういう理由でこれを反故にするんだ。50年以上にわたる議席を返上するに当たって、私を納得させてくれたまえ」

と若い安倍氏をたしなめる。「どうか自民党を助けると思って、ご協力いただけないでしょうか」と平身低頭で懇願する安倍氏に、

「君も貧乏くじを引いたな」

と中曽根は言い、「定年」を呑んだのだった。

宮澤喜一ら総理経験者にも「定年」を告げ、どうにか納得してもらっていたが、「君みたいな若造が、ふざけるな」

と罵声を浴びせる人もいたという。国家の中枢とも言える自民党も、民間企業も世代交代の苦痛は変わらない。

上場廃止か、それとも維持か迫られる選択

人事の壁を乗り越えた後も困難は続きました。日本の社会情勢としては2012年12月に民主党政権が終わり、第2次安倍政権が誕生。その翌年にあたる2013年は、弊社にとっては、まさに〝激動〟の年でした。

その当時、弊社は時価総額が低く、このまま上場廃止基準に該当し続け、当月中に株価が上がらなければいよいよ整理銘柄に指定されてしまう。

そんな局面に瀕していました。

(何とかして上場を維持するか。それとも上場廃止して生き残る道を選ぶか)

私の課題は、その二者択一にありました。

上場を廃止するとなると、お金を払って応援してくださっていた株主を含め、各方面のステークホルダーにも迷惑がかかる。私だけが、いや、会社の人間だけが我慢すればいいという話ではありません。

最初に頭をよぎったのは、上場廃止に舵を切った場合にどうなるか、ということでした。

ステークホルダーに対しては、誠心誠意説明をさせていただいた上で、できるかぎりのことをさせてもらうというイメージを持っていましたが、こと株主に関してはお金が絡むこと。丁寧に説明したからといって、

「わかったから頑張れ」

とはなりませんから頭が痛い。しかし一方で、

（上場廃止しても会社がなくなるわけではない）

という楽観的な考えも浮かんでいました。それに、上場維持費用が浮き、株主に縛られずに会社経営ができるというメリットもある。

結果的に、会社としては「上場廃止になっても仕方ないが、やれることは全部やろう」という結論に達し、株価を上げるために自社株買いをするなどの手を打つことになるのですが……。

実は自社株買いをするというストーリーが考えられたのは、その前年である201

2年（平成24年）の102期（2012年3月1日〜2013年2月28日）、弊社としては久しぶりに、黒字に転換していたという社内事情がありました。

黒字転換の大きな要因の1つに、2012年2月に希望退職者を募ったことがありました。

今までは何とか手をつけずに済んでいたのですが、これ以上赤字は続けられない。断腸の思いの中、当時100人程度いた従業員の30％を目標に希望退職を募集したのです。

かつて先輩だった従業員を含め、周りからは、

「お前が社長になって、やることはこれか」

と恨み言を言われもしました。経営者として「リストラ」は最後の策であって、決して最初の策であってはならない。安直なリストラこそ「経営者の無能」を示す手段であることは承知しています。

本来なら、リストラしなければならなくなる前に、対策を講じなければいけなかった。弊社の場合は「痛み」を負うことを避け続けて、これまで都合の悪いことにふた

をして見て見ぬふりをしてきた。

そのツケが「リストラ」という形で私のときに回ってきたのです。歴史の中でたまりにたまった「膿」を出すという選択以外に方法はありませんでした。

うちの会社って、そもそも何なんだ?

代表取締役に就任して2年のうちに、このような痛みを感じなければいけなかったことに対しては、正直を言えば酷なことだと感じていました。しかし、振り返ってみれば、私自身「こういうことが経営なんだ」という感覚がつかめてきたのは、この一連の出来事を経験した後であったと思われます。

現状から目をそらさずに、何をすべきかを考える。そして、批判覚悟でリストラを断行した結果として、株価が回復。上場廃止をまぬがれる、まさに9回裏、逆転満塁ホームランでした。

私に去来したのは安堵と喜び。しかし一方で、このような素朴かつ根本的な疑問が湧いてきたのです。それは、

（うちの会社って、そもそも何なんだ？）

という当たり前のことです。

大正5年から続く老舗企業。私が社長として歩んでいるのは、初代・有田社長を始まりに、9代目・山本社長までが脈々とつないできたレールの上。上場廃止という、1つ大きな危機を乗り越えた今、ふたたび目の前に延びているレールの上を、これまでと同じように走って行っていいのだろうか。

そう考えたときに、先人に敬意を表しつつも思い至ったのは、セイヒョー100年の過ちでした。

その過ちとは、私を含めた歴代社長が、会社としての方針を打ち出してこなかったこと。正しくは〝打ち出してこなかった〟のではありません。そもそも方針が定まっていなかった。いや、もっと言えば、経営方針などなくても済んでいた。それゆえ経営方針はなかったのです。

方針がなかったことに関しては第2章でも言及しましたが、上場企業の悪い要素が出ていたとしか言いようがありません。目先の利益が最優先でリスクは極力排除する。株主に対しては、配当さえ出していれば何も文句を言われない、歴代トップのそういった意識が、脈々と受け継がれてきてしまったのです。

かく言う私も、自身を省みてこう思いました。

(私が執着しているものが、小さすぎるのではないか)

そのときの私が「執着しているもの」とは、現状の業績だったり、現状の株価だったり、そんなことばかり。わかりやすく言えば「今日の株主の顔色」です。

上場していることとは無関係に経営者は常に「株主の顔色」を見なければなりません。それが株式会社の制度なのですが、「今日の株主の顔色」を見るということはリスクを避けて「現状を維持する」ということです。

中小企業基本法で定められた日本の中小企業者数は、約358万社で、大企業を含めた全企業数に占める割合は実に99・7%。中小企業の従業員数は、約3200万人で、大企業を含めた全従業員数に占める割合は約70%です。

中小企業の割合が高い理由は、大企業まで成長することの難しさ、従業員を増やすリスク、資本金を増やすリスクなどが挙げられます。

当時の弊社の場合、現状維持は「緩やかな死」です。

将来的に何を求めるのかというビジョンが導き出せていなかった。将来を見据えるというところに意識がいっていなかったのです。

今日の株価、明日の株価、今年の業績が気になって仕方がない。しかし、今日のうちに何かをしたから、明日の株価が上がるなんてことはないわけです。

そこに思いが至ったことで、私自身の考え方に変化が現れました。

(代表取締役とは本来、方針や目指すべきビジョンをしっかり見据え、それを従業員に伝えるのが仕事である)

そうして、全体が意思統一された状態で活動するのが会社なのだと、改めて考えるようになったのです。

原点に立ち返る

そのように思いを巡らすうち、私の頭の中に浮かんだこと、それは、

（徹底してアイスクリームを売ろう）

という、原点に立ち返る考えでした。弊社では冷凍倉庫業に卸業、和菓子の製造にも乗り出していましたが、とにかくアイスクリームが主力商品であることを再認識することが必要だと感じたのです。そうしなければ、セイヒョーに未来はない、と。

前述したとおり、以前の当社におけるアイスクリーム自体の売り上げは全体の３割程度。しかも、うち25％ほどをＯＥＭが占めている。この状況を何とかしなくてはいけない。そう考えたとき、１つの道が見えてきました。

（今やるべきは自社製品、オリジナル・アイスクリーム商品の開発だ）

これは、私が元々アイスクリームの営業マンだったことから生まれた発想かもしれません。私が取締役に就任する以前にはアイスクリーム関係の役員が1人もいなかったという背景があり、そのことに対して私自身が忸怩たる思いを感じていたからです。

その上、私が2004年に新潟本社に転勤になる以前は、東京の催事場ではアイスは1本も売られていませんでした。

（うちの会社は、アイスクリーム屋じゃなかったのか？）

そんな思いから、アイスクリームの営業担当になった私は、当時の社長にこう提案しました。

「社長、うちでも自社製品のアイスを作って売りましょう」

ところが、返ってきた答えはこうです。

「飯塚くん、そんなの作って儲かるのかね」

「いやいや、儲けるためにやるんじゃないですか」

「何本作れば儲けが出るんだ？　そんなことするより、明治のOEMを作っていればいいじゃないか」

当時のセイヒョーには、オリジナル商品を増やして売ろうという感覚は、まったくなかったのです。

もっと言えば過去もそうだったかもしれない。「もも太郎」のセイヒョーという看板を背負っているにもかかわらず、口に出さないまでも歴代トップには「アイスクリームなんて儲からない」という気持ちがあったのかもしれません。

私は代表取締役としてこの状況を打破すべく、アイスクリームに関して自社ブランド強化の方針を打ち出すことになるのです。

第4章

地方企業のチャンスは伝統と金融・情報の融合にある

外部からの資本提携を受け入れた会社事情

リーマン・ショックによる景気低迷で私が代表取締役に選ばれたことは前述しましたが、東日本大震災のあった2011年（平成23年）に就任。震災・津波による被害に加え、日本は深刻なエネルギー不足に悩まされることになりました。

並行して消費税は2014年（平成26年）に5%から8%、2019年（令和元年）には8%から10%と2度引き上げられました。消費税は、モノを買う意欲を冷やす効果のある増税ですので、そのたびに消費は低迷しました。

そして2020年（令和2年）1月からは新型コロナウイルス感染拡大防止に伴う移動制限。それによる経済活動の停止はまさにコロナ〝禍〟です。と、日本経済を暗く覆った靄は晴れず、弊社もその影響から逃れることは簡単ではありませんでした。

そんな中で、弊社はある大きな決断をします。それが、2022年（令和4年）の4月に発表した、経営コンサルタント会社「株式会社Wealth Brother

第三者割当増資の概要

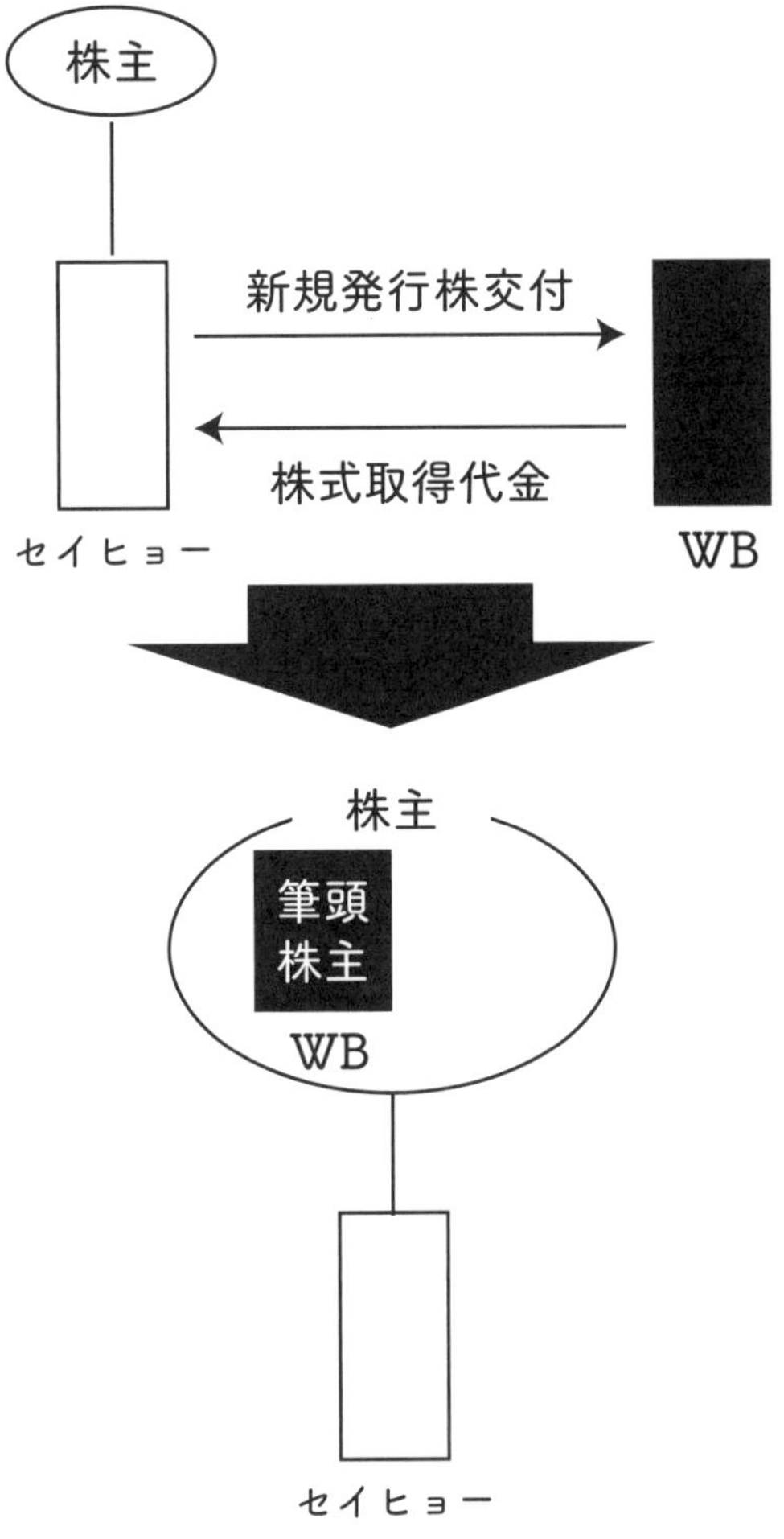
株主
新規発行株交付
株式取得代金
セイヒョー
WB
株主
筆頭
株主
WB
セイヒョー

s（代表取締役／石山恵介　2千100万円／資本金　以下、WB）」との資本提携。弊社はこれをもって事業拡大へと舵を切ることになるのですが……。
資本提携に至る経緯と、2023年（令和5年）6月現在の弊社の時価総額が4倍にまでなったという結果を考えると、我ながら大きな決断であったと、ひとまずは胸をなでおろす思いというのが正直なところであります。

株式会社セイヒョーは2022年4月、取締役会においてWBと資本提携契約を締結し、第三者割当増資を実施することを決議したと発表。これにより、セイヒョーは約25%の新規株式発行を行い3億2323万5000円の資金を得る。この資本提携契約により、WBは既存株主の持株比率の希薄化後で19・5%の株式を保有する筆頭株主となった。

実は、金融機関ヅテに紹介され、WBの代表である石山氏と初めてお会いしたのは、新型コロナウイルス感染拡大以前、2019年の秋ごろのことでした。

石山氏からは、当初から資本提携のお話をいただいていたのですが、工場のキャパシティにもまだ少し余裕があったこともあり、当時の私は資金調達の必要をさほど感じませんでした。

先方にも「検討させていただきます」との返事だけをさせていただき、社内の人間に伝えることもせず、話はそのまま放置していました。

しかし、それから間もなく、当社はのっぴきならない状況に立たされます。2020年2月21日、東京証券取引所（以下、東証）が2022年4月を目処に市場区分の見直しを行うことを発表したからです。

その後、詳細が徐々に明らかになっていきました。

東証が、それまで市場第一部・市場第二部・マザーズ・JASDAQ（スタンダード・グロース）の4つで構成していた市場区分を、2022年4月から「プライム市場」「スタンダード市場」「グロース市場」の3区分に再編したことはご承知のとおり。

ＪＰＸ（日本取引所グループ）の「市場区分見直しの概要」を閲覧すると、３区分の特徴は以下のとおり。

●プライム市場／グローバルな投資家との建設的な対話を中心に据えた企業向けの市場

●スタンダード市場／公開された市場における投資対象として十分な流動性とガバナンス水準を備えた企業向けの市場

●グロース市場／高い成長可能性を有する企業向けの市場

２０２１年7月、株式会社セイヒョーはスタンダード市場に区分されたが……、東証より、

「上場維持基準への適合状況に関する一次判定の結果、流通株式時価総額の項目において新市場区分の基準を満たしていない」

との通達を受けることになる。

当社は時価総額の部分では、上場基準の10億は超えていました。しかし、流通株式

時価総額の基準である10億円も超えなければならないという基準をクリアしておらず、早急に時価総額を上げなければならない状況に陥ってしまったのです。

そこで、時価総額を上げるための取り組みに関するリリースを2021年9月25日に公表しました。

弊社としては、2013年に引き続き、2度目の上場廃止の危機。前回は、（何とかして上場を維持するか。それとも上場廃止して生き残る道を選ぶか）という二者択一に悩まされた揚げ句に上場維持を選択しました。

「さて、今回はどう乗り切るか…」

とずいぶん悩みました。

原点に立ち返ると、株価を上げるためには、弊社の価値と、弊社に対する投資家さんの期待値を上げていかなければなりません。しかし、現状のまま続けていても、それは難しい。

そう考えているときに、WBからご提案いただいていたことを思い出したのです。

（資金調達できれば、会社を大きく成長させるきっかけになる）

実を言えば、東証の上場基準見直し以前から、売上高40億円規模の会社から脱皮する方法を模索してはいました。

代表取締役として、会社の未来を担う若い社員たちが、しっかりと夢を実現できる会社にしなければいけないとの思いがあったからです。

幸い、アイス市場は右肩上がり。当社も、森永乳業のＯＥＭも含め、受注は順調に伸びており、このタイミングは販売ルートを拡大するチャンスでもありました。

(これらの状況を複合的に考慮するなら、現状ではアイスクリームの売り上げを増やすのが一番の得策である)

私はそう考えました。

しかし、現状の工場ではキャパオーバー。これ以上の増産に対応しきれない状況でした。そのため、もっと効率よくアイスを大量生産するための工場が必要となる。

「ならば、思い切ってＷＢと資本提携して資金を調達しようじゃないか」

となったのです。

２０２１年10月ごろから、社内役員に提携に関する相談をし始めます。そして２０

22年4月8日、WBと資本提携契約を締結しました。

以上が、WBからの資本提携の申し出を受ける決断をした理由です。そこから得た資金を設備の増資増強に充てる。さらに、WBと資本提携したことを前面に打ち出すことによって投資家の期待感が上がり、それに伴って株価が上昇する。弊社としてはWBとの資本提携によって、このダブルの効果を見込んだというわけなのです。

想定された最悪のシナリオは？

私は、WBとの資本提携は、一定の成功を得たと考えています。3億円を超える資金を得られたことはもちろんですが、新潟以外での知名度の上昇は肌で実感しております。東京や大阪といった大都市圏における営業活動が、これまでと比べ格段にしやすくなってきたのです。

しかし、資本提携前に話を外部に漏らすことはできないことを考えて、いざ契約書にサインをするまでは、1人で頭を悩ませる日々が続きました。

また、WBが悪意を持った第三者で、ほいほいと話に乗ったが最後、会社を乗っ取られてしまうのではないかという最悪のシナリオがアタマをよぎらないわけではありませんでした。

新たな成長を促すために資金が必要なことは間違いなく、資本提携話は渡りに船。そういった状況の中で、一緒にタッグを組む相手がWBで本当にいいのだろうか、という自問自答を重ねつつ悶々とする日々を送りました。

ですから限られた時間の中で、私はできるかぎり、WB代表の石山氏と話をする必要がありました。弊社のこと、私のやりたいこと、社員に対する思いといったものを先方に伝える一方、先方の本心を聞き出したい。ざっくばらんな話ができるよう、ときにはお酒を酌み交わしながら話をしたこともありました。

結果、私の警戒心は解けました。

コミュニケーションを重ねる中で、契約書に記載する項目として、

- WBは20％以上の株式を保有しない
- 役員に関しては1人を推薦するが強制はしない

といった内容を挙げていただいたことも、背中を押す材料ではありました。

これがあったため、私としては、WBには当社を乗っ取る気もなければ、経営に口を出す気もないのだという確信を得た、ということなのですが……。

思えば、私がこの場面で行っていたのも〝人間観察〟だったと思うのです。そして、WBの立場に立って石山氏が何を考えているのか思考を巡らせる。その結果、（この人は、自分の利益ももちろんだけれど、うちの利益のこともきちんと考えてくれている。信頼していい人だ）

との判断に至った、というわけなのです。

既存の株主をどのように納得させるか

WBと資本提携する決断をした後に残るのは、既存の株主をどう説得するか、という問題でした。

日本企業には広く「リスクは分散するものであって共有するものではない」という企業感情がある。株主も投資先の企業とリスクを共有したくない気持ちが強い。そこで前述したように「株主の顔色」をうかがう経営が常態化するのだ。

もちろんこれは一長一短で、だからこそショックに強いし、だからこそ変化しにくいということでもある。

そう考えれば株式会社セイヒョーがWBと資本提携することは、リスク共有に分類される。どこまで調査したところでWBが悪意の第三者で、最悪ケースでは会社が乗っ取られたり、株価をつり上げるだけつり上げて第三者に転売されてしまうリスクはゼロにはならないからだ。

また、セイヒョーとWBとの間で資本提携契約を締結する際に行ったのが第三者割当増資。第三者割当を行うと増資されるため業績が上向くメリットがある反面、既存の株主の持株比率が希薄化するというデメリットがある。

そのほか、新たに発行された株式に対する需要を見誤ることで、株価が相対的に低下するリスク。新たに発行された株式の価格に対して不満、批判が噴出するリスクもある。飯塚氏は、これらのネガティブな要素に関し、既存の株主にどのような説明をしたのだろうか。

古くからセイヒョーを応援してくださっている株主のみなさまには、弊社の置かれている状況をできるかぎり隠さず、丁寧に説明した上で、

「この資本提携は、株主のみなさまのためになるはずです」

という話をさせていただきました。

このまま何もしないで手をこまねいていた場合、株価は現状維持か、もしくは下がってくるに違いない。

工場も設備も古くなる一方で、ＯＥＭ事業に影響だって及びかねない。

事実、現状の工場のキャパシティがいっぱいいっぱいで、せっかく新たな商品を開発してもラインに乗せられない、なんてことが起こりつつある。

「そんな状況になるより、ここで増資することで、新たに成長する道を歩ませていただきたい」

「資本提携することで株価を上げて、株主のみなさんにしっかり恩恵を受けていただけるように努めます」

そう言って頭を下げました。


弊社も含め、歴史のある地方の会社では、株主も古くから変わらず、かつ地元の方が多いというのが特徴として挙げられます。

そういった老舗企業が資本提携するということは、ある意味でガチガチに凝り固まった身体の中に、新しい血を輸血するような行為とも言える。既存の株主に拒否反応が出ることは、当然予想できたことでした。そのため、決断に至る過程では、

（自分ではなく、ほかの誰かが代表取締役だったらどうするだろう）

と考えることもありました。創業者が代表取締役だったら、変化を恐れて踏み切れず、ほかの方法を探したのではないだろうか。

実はお酒の席で、この話をＷＢの石山氏に聞いてもらったことがあるのです。石山氏は私にこう言いました。

「飯塚社長は変わってる。創業者一族でもないのに、自分の会社だと思って成長させることを考えてる」

私としては、セイヒョーの本分はアイスクリーム作りにあるという方向性を打ち出した先に、社員全員の幸せが見えればいいという単純なビジョンがあるだけなのですがね。

日本アイスクリーム協会によれば、日本国内におけるアイスクリーム市場は、2011年に4058億円であったものが2021年には5258億円となるなど、年々成長している。

また、業界を取り巻く環境は「コロナ禍」の影響で変化の過程にある。自粛生活を経て、ウーバーイーツなどのデリバリー消費が本格化し、食材の調達に関しても EC（Eコマース）ビジネスが伸長。かつて、アパレル業界などにおいて見られた、消費の主戦場がリアル店舗からネットの世界へと切り替わっていく節目に差しかかっている可能性を指摘する声は小さくない。

資本提携を行ったのは、まさにこのタイミングだった——。

ECで販路拡大しSNS＋ウェブCMで若年層にもアピール

ともかくも、WBとの資本提携を締結し、事業拡大へと向けて進むことになった弊社。株価を上げるために必要なのは、ひとまずは知名度の低さをどのように克服するかという問題を解決することでした。

先述したとおり、弊社は1916年（大正5年）創業の老舗企業。「もも太郎」を作っているセイヒョーという会社の知名度は、地元に限れば、かなり高いと言っていい。新潟では知らない人はいないのではないでしょうか。

確かに「もも太郎」はセイヒョーのシンボルとも言える氷菓で、新潟県民のソウルフードとまで呼ばれている。新潟での認知度は90％を超えるとされ、実に70年の長きにわたり、新潟の地で愛されている氷菓だ。

「もも太郎」というネーミングながら、味はイチゴ味、アクセントにりんご果汁を使用するという一風変わった商品で、氷の食感とリーズナブルな価格設定で、新潟の夏の風物詩となっている。

この「もも太郎」には派生版がある。あずき氷菓「金太郎」、東北地方でソウルフードとして知られる「ビバオール」。その「ビバオール」の進化版である「ビバリッチ」などがそれだ。

こうしたオリジナル商品は地域に深く根ざしており、気候による変動はあるものの毎年工場の生産能力上限近辺での売り上げを安定して計上している。

また和菓子も定評があり、苦労の末に開発した「笹だんご」は東京・表参道にある新潟銘品店「新潟館ネスパス」における売り上げ1位を記録する優良商品である。

とはいえ、一歩県外に出た途端、「セイヒョー」の知名度はガクッと落ちます。私自身、営業マンとして全国を回った際、何度その現実を思い知らされたことか。

弊社が大正、昭和、平成、令和と生き残ってこられたのは、創業社長から先代までが、その時代時代でできる範囲の商売に力を注いできたから。では、10代目を任された私がこの時代にできること、この時代に合わせてやらなければいけないことは、一体何でしょうか。再び自問が始まります。

WBと資本提携を結ぶということは、その答え、方向性を明確にすることでもありました。つまり、資金調達することで工場や施設を増設し、生産量も販売量も増やして販売エリアを拡大する。そのためには、商品力ももちろんですが、どうしても全国的な知名度を上げていくことが必要になってくるというわけです。

この状況でセイヒョーが「全国区へ」の経営戦略転換を選択するロジックはどこにあるのか——。

1つは、新潟の地で70年の長きにわたり継続して愛されてきた商品であれば、日本全国に展開したとしても受け入れられる余地が大きいという期待だ。

日本国内において、味覚に極端な差はなく、ある地域で美味しいと思われているものがある地域では受け入れられない、といった状況は現在の日本では考えにくい。

単純計算でセイヒョーは人口220万人の新潟で十数億円のビジネスが成立しているのだ。分母が1億2000万人になった際にビジネスは当然拡大するということになる。

また、現代社会ではインターネットを利用したビジネスが当然となった。ネットを通じた知名度の上昇やEC（Eコマース）を利用した直接的な販売モデルは、セイヒョー上場からの70年間において最も全国展開が容易な環境にあると言える。

さらに製造メーカーであるセイヒョーがECにて消費者に直接販売を行うことは、利益率の圧倒的な改善につながる。原価の公表はされていないものの、問屋や小売の利益確保に相当する利幅を製造メーカーであるセイヒョーが全て取れる計算がECにおいては成り立つ。

しかし、弊社は新潟で地道なルートセールスを行ってきた会社。開き直るわけではありませんが、早急に知名度を上げろと言われてもノーアイデアという情けない状態。たとえば東京のみなさんなら井村屋さんの「あずきバー」や赤城乳業さんの「ガリガリ君」は誰でも知るアイスなのではないでしょうか。

今すぐ東京で弊社の「もも太郎」を「ガリガリ君」にはできない。そんな魔法は世の中に存在しませんし、何よりノウハウも何もなかったからです。

ですから、新たな販売ルートとしてEコマースをスタートさせること、さらに、SNSを利用した戦略といったノウハウは、喉から手が出るほど欲しかった。これがもう1つ、資金調達に加えてWBと資本提携する上での、非常に大きな魅力だったのです。

プレスリリースによると、提携によってセイヒョーは以下の事柄について推進していくとしている。

1. 国内外の新規取引先紹介を含む販路の拡大
2. SNSを活用したWEBマーケティングの活用
3. 冷凍ロジスティック事業をはじめとした新規事業への挑戦

Eコマーズを積極的に展開

セイヒョーオンラインショップ
https://seihyo.shop-pro.jp/

２０２２年4月以降は、一貫して上記の戦略を進めていく姿勢だ。

たとえば同年6月17日付ニュースリリース「関東圏における当社製品販路拡大のお知らせ」、同月29日付ニュースリリース「もも太郎特設ページ開設のお知らせ」などがそれだ。

資本提携後、積極的に拡大戦略をとりマーケットにアナウンスを行い、「地方の老舗企業」から「全国区の老舗企業へ」という経営姿勢の変換を前面に打ち出している。


実際、ＹｏｕＴｕｂｅ、Ｔｗｉｔｔｅｒ、ＴｉｋＴｏｋといったＳＮＳの絶大な宣伝効果を実感したのは、２０２２年7月からシリーズ化して公開しているウェブＣＭ。

それ以前も、ごく一般的な、ありふれたＣＭはウェブ上にアップしていたのですが、その反響は雲泥の差。

「放送事故すぎるアイス屋さんのＣＭ」

「なぜか最後まで見てしまうアイス屋さんのＣＭ」

「もはや放送事故なバレンタインCM」

「このアイスのCMアホすぎて好き」

といった、ある意味で振り切ったタイトルのCM動画が大好評で、今風に言えば〝大バズリ〟したのです。

SNS展開していこうというWBの提案を受け、ご紹介いただいたクリエイターに制作を依頼することにしたのですが、出来上がったものはタイトル、内容ともに、田舎育ちの我々には思いもしない、斬新な発想に富んだものでした。


CM映像を制作したのは、企業PRや広告制作に携わる、映像クリエイターのセカイ監督。株式会社セイヒョーのシリーズCMでは〝学園ラブコメ〟の体裁をとりながら、登場人物に男女の高齢者モデルを起用。

だが展開するストーリーは少女漫画のそれだ。

そのギャップがSNS世代の興味をそそり、瞬く間に拡散。それを受け、マスコミにも多数取り上げられることになった。

また、その宣伝効果は大きく、セイヒョー経営企画室・担当者は、

「前年比の3倍以上の売り上げにつながった」

と胸を張る。一連のウェブCMは、株式会社セイヒョーのYouTubeチャンネルで視聴可能【https://www.youtube.com/@user-wd8rn2gu2c】だ。次ページにQRコードを添付するので、ぜひご覧いただきたい。


ウェブCMが公開されると、一般の方からも、

「あのCMを許した社長がすごい」

といった内容の書き込みを多数いただきました。「許した」とご評価いただいていますが、まったく戸惑いがなかったかといえば、そうではありませんでした。

打ち合わせ時に絵コンテを見せていただきながら説明を受け、

「高齢者の恋愛をテーマにしたい」

と聞いたときは〝想定外〟の内容に、批判を浴びることにならないだろうかという不安が、多少なりともよぎりました。

CM動画がSNS上でバズっている

しかし、私はそこで口を出すことはしませんでした。批判があるかもしれないというリスクよりも、話題になることが重要。SNSの知識もアイデアもない素人が口を出した揚げ句に、何の話題にもならないCMができたのでは本末転倒だと考え、一切をプロに任せるべきだと判断したからです。

そして、制作サイドからの提案に対しては、絶対的なNG事項に触れないかぎり、基本的にはOKを出すと腹を決めて臨むことにしたのです。

結果的にはほとんど〝丸投げ〟したことが功を奏しました。

とはいえ、このアイデアにゴーサインが出せたのは、当社が現在の規模だったから、ということが言えるかもしれません。もしこれが誰もが知る大企業だったら、1つの案件を通すのに何人ものハンコがいる。

だから巨大組織では、こうした挑戦的、野心的なCMは生まれなかったのでは、とも思うのです。

そういう意味では、突き抜けた内容のCMで勝負することは、今の規模の当社が打てる最良のマーケティング手法だった、と言えるのかもしれません。後日、ある取引

先でCMに関する感想をうかがった際、私はそれを実感しました。70代の社長は、

「あれはどうかな、俺はあんまり好きじゃねぇな」

と言うのです。ところが、次期社長の息子さんからは、

「僕はすごく面白いと思いました」

と仰っていただけたのです。

ウェブCMを制作した意図は、まさにここにありました。

古くから新潟で暮らす年配の方に関しては、私も含めアイスと言えば「もも太郎」という認識が浸透しているのです。悪い言い方をすれば、

「黙っていても買ってくれる」

これが、10代~20代はもちろん、30代~40代となると、新潟県民にしたところで購入するのは赤城乳業さんの「ガリガリ君」というのが現状です。「もも太郎」を未来につなぐためには、全国に知名度を上げることと同様に、若い世代にアピールすることが絶対的に必要だったのです。

WB以前のセイヒョーは金融市場でどう考えられていたのか――セイヒョーの売り上げを見ると、飯塚氏が述べたように約3分の1が森永乳業向けOEM製品の受注で、約3分の1がオリジナルの氷菓菓子製造。その他和菓子、冷凍保管業、仕入れ販売が3分の1という構成になっていた。

「全国的な知名度こそないものの仕入れ販売、物流保管など、新潟を地盤としたビジネスによって、安定した売り上げを計上している」

というのがIR上から見た投資家筋の評価だった。

セイヒョーの経営にとってOEMは諸刃の剣だったことは飯塚氏が述べた。とはいえ投資市場から見ればOEM事業の主取引先である森永乳業との関係は安定しており、今後も継続した取引が期待できる状況であることもプラス要因と評価されていたのである。

大手メーカーとのOEM事業は利益率が高くない上に、継続した受注を得るためには技術力や品質保持といった点でメーカー側の厳しい基準を満たす必要がある。逆に言えば、OEMの受注実績があるということ自体が、投資家にとっては安心材料だというわけだ。

時価総額が4倍に

東証の市場区分再編時の上場基準の変更に端を発した、WBとの資本提携。本稿執筆の2023年6月現在までは「大成功」と言っていいでしょう。株式会社セイヒョーの代表取締役としては、未来に通じる道が開けた思いがしております。株価の上昇は我々の期待を大きく上回り、上場基準値もクリア。時価総額はおよそ4倍にまで成長しました。

全ては、株主であるみなさまの、弊社に対する期待の表れだと思っていますが、そもそも、WBが弊社に目をつけてくれたことが大きかったことは間違いありません。

さらに、WBとの資本提携後は、情報発信の仕方にも変化がありました。具体的には、プレスリリース関係を、今まで以上に積極的に出すようにしたのです。

東証STD 2872 （株）セイヒョーの値動き

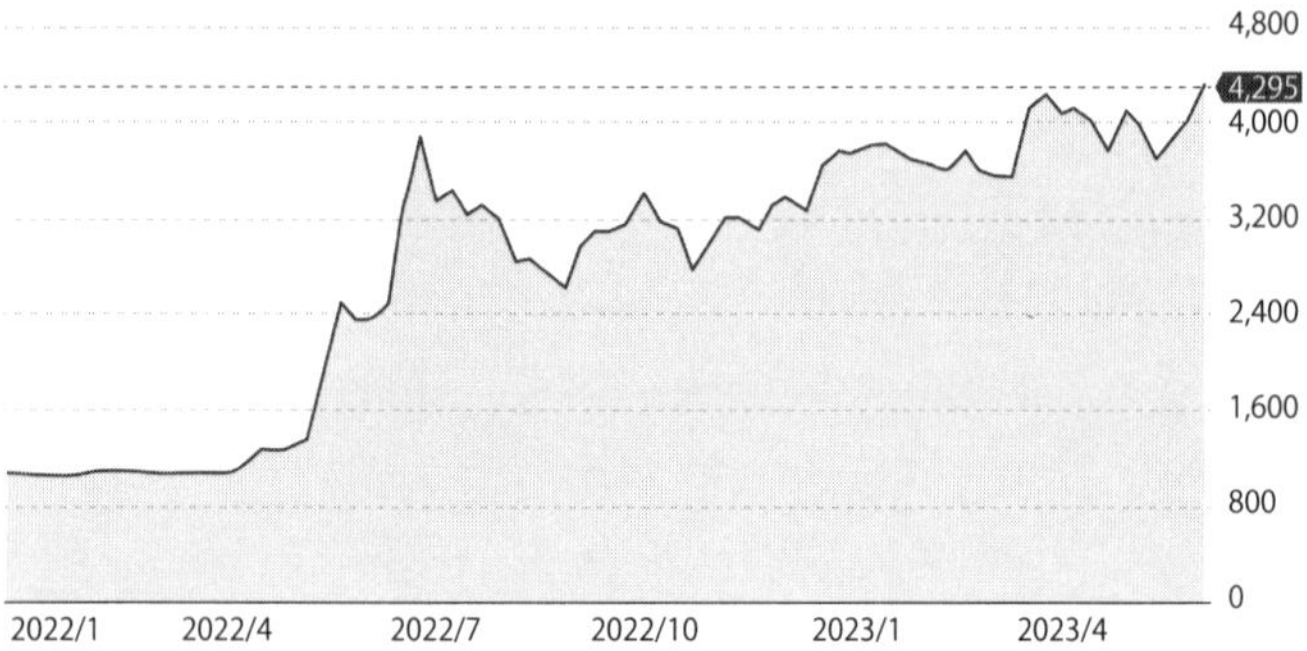

（Yahoo!ファイナンスより）

これまでは、出さなくていいようなものは、出してこなかった。逆に言うと、出す必要がある情報しか出していなかったのです。

ＷＢの石山氏からは、

「ビジネス上、いい要素があるならばニュースリリースとしてでも出した方がいい」というアドバイスをいただきました。それが、会社に注目を集める要素になる。そして、興味を期待につなげることができれば、株価に反映される。弊社は今、そのことを肌で感じているところなのです。

どのような社長像を理想とするか

2011年（平成23年）、東日本大震災が発生した翌々月に、代表取締役に就任してから、2023年5月で丸12年が経過しました。長いようで短く感じたのは、年のせいだけではないでしょう。私はこの間、実にさまざまなことを考えさせられました。考えすぎた揚げ句に、

（考えることが、社長の唯一の仕事なんじゃなかろうか）

と思い込むほど考えました。

確かに、社長などというものは、考えることを放棄した時点でただのお飾りじゃありませんか。

よその会社の業績を見て、そのトップである人に思いを馳せることも多々ありました。たとえば、我々と同じ業界である赤城乳業さんの成功は、私にとって大変な刺激。

歴史は弊社よりも浅いわけですが、「ガリガリ君」でお馴染みの赤城乳業さんがあれだけ伸びた秘訣はどこにあるのか。もちろん、赤城乳業さんに関する雑誌やインターネットの記事なども読ませていただきましたが……。

私が想像するに、創業一族である歴代の井上社長が、時代時代で強靱なリーダーシップを発揮しながらそのときどきでしっかりと〝方針を示してきた〟からだと思うのです。

そこから私は、いいも悪いもカリスマ経営者が引っ張っていく姿勢を貫く。そこに道が開けて進んでいけるのだというイメージを得ました。

ほんの十数年前まで、各拠点がバラバラに利益を追求する独立採算制で、まるで協同組合のような組織形態をとっていた弊社とは決定的な違いがあったわけです。

株主の顔色ばかり見ている人間が、悪いことを言われないようにするために何をしたらいいか、そんなことばかり考えていたら方針など出ようはずもない……これがまさしく、少し前までの弊社の姿だったのです。

現在、代表取締役としての私の使命は、セイヒョーという企業の転換です。歴史はあるけど大きく伸びない会社だというところから脱却させることだと考えています。堅実である代わりに、冒険しない、リスクを負わないというマインドの変革にあるのだと考えています。

落ち着いて周囲を見てみると日本中に弊社のような企業は数多くあるのではないでしょうか。

この先、会社がどうあるべきかということを、常に考える。壁があったとしても、常に理想を持っていなければいけない。新しい工場が必要だという話になったときに、お金のことを考えるよりもまず、工場を作らなければいけないというところから思考をスタートさせなければいけない。

また、今やっていることをブラッシュアップするだけでは限界がある。だから、新しいことをするというイメージを常に持っておく。企業の代表というのは、そうやって会社を成長させていくものだと考えるようになりました。

そして経営者として私が肝に銘じなければならないのは、しっかりと働いてくれる人たちに対して「方針を示す」こと。

第2章で「働く方に当事者意識を持ってほしい」ということを書きましたが、従業員にそれを求める以上、自分が何を目標に、どこに向かって仕事をしているのか、はっきりわかるように明示する責任が私にはあります。

そこが不明瞭では、仕事に集中してもらえるはずもありません。それは昔で言えば地図もコンパスも、今で言えばスマホもナビも持たずに見知らぬところに旅に出るようなものです。

具体的に言うならば、

●株式会社セイヒョーはメーカーであり、物を作って売る会社だということを再認識すること

●さらに、売り上げはOEMと両輪になるよう、自社ブランド商品販売に注力すること

私は現時点では、この2点を強調したいと考えています。そしてこれを社内にアナウンスし、従業員全員に共有してもらう。そうして、意思統一ができた状態で生まれる推進力こそが、会社を大きく成長させるのだと信じているのです。

掲げたのは「いい会社にしよう」宣言

2023年の3月から、113期をスタートするにあたり、私が掲げたのは、

「いい会社にしよう」

という目標でした。通年であれば、予算を策定し、カテゴリー別の目標数値を設定した上で、業務運営に関する各部署の方針といったものが打ち出されるのが普通。そんな中で113期の年度初めは「いい会社にしよう」という、あえて抽象的な目標を掲げました。いや、実を言えば〝掲げざるを得なかった〟のです。

「いい会社」の条件は、会社の業績や社会貢献といった側面はもちろんです。が、私は働く従業員のみなさんの姿勢にあるとも思っています。セイヒョーをいい会社にするために、私を含め従業員全員が再確認しなければならないのは、

●きちんと挨拶ができているかという、基本的な人間関係を築くための土台ができているかということであったり。

●社内が整理整頓されているかという、仕事を効率よくこなすための習慣が身についているかということであったり。

●また、身だしなみが整っているかという、食品会社に勤務するからには衛生的でなければならないという意識が備わっているかということであったり。

●そして、従業員1人1人が当事者意識を持って仕事に取り組んでいるかということであったり。

こういうことを多くの人ができていて初めて、周囲から、

「セイヒョーはいい会社じゃないか」

と、評価されるのではないかと思うのです。

では、なぜ「いい会社にしよう」などという、抽象的な目標を掲げたのか。

業績が下がっていたときの要因を検証すると、結局、原点に立ち返らざるを得なかったのです。

業績が下がるには、会社にそれなりの理由、問題がある。しかし、先に挙げたよう

な基本的なことが社風としてしっかり根づいていれば、問題の半分は起きていなかったのではないか、という結論に至ったのです。

もう少し具体的に言えばこうです。事故が1つ起きると、原因を追及して、再発防止のための対策をする。

弊社も、そういったやり方をしてきました。

しかし、事故が起きた原因の原因、つまり直接的な原因の奥にある間接的な原因を探っていくと、社会人としてあるべき基本姿勢がなっていない、というところに行きついてしまった。

働く人間が〝ちゃんとしていない〟ことが、事故の引き金になっていたというわけなのです。繰り返しになりますが、挨拶ができていない、身だしなみが整っていない、整理整頓ができていない。そして当事者意識がない。

まずはこれら間接的かつ基本的な問題を改善した上で、問題が起きた直接的原因への対策を打つ。すると、徐々にではありますが、効果が現れるということがわかってきました。

飯塚氏が「いい会社にしよう」と言って、従業員に意識改革を求めたその裏には、ある生産事故があったそうだ。

事故を受けて緊急の会議の場が持たれる。普段なら現場に任せて自分は顔を出さないという飯塚氏だが、比較的大きな事故だったため、会議には経営陣も参加。室内にはピリピリした空気が漂う中、事故を起こした当人の姿が、飯塚氏の目に留まる。

「髪の毛はボサボサだし、無精髭は生やしているし。これが食品会社で働く社員の姿かと、愕然としたんです」

また、同じ目線で社内を見回してみると、書類が山積みのデスクが目に入る。こんな状態では必要な書類もすぐに出てこない。机の上の書類が整理されていない以上、仕事が整理されているわけもない。

もちろん、無精髭を生やしていることや机の上が乱雑だということが、事故の直接原因ではない。

とはいえ、この緩みの「積み重ね」が大きな事故を生むのだ。事故への第一歩をきちんと摘み取る——逆に言えば当時のセイヒョーはこういうレベルだったということでもある。

そしてもう1つ、業績が下がっていたときの要因を検証する目的で社内点検をした際に感じたことがあります。

それは、従業員同士が問題を指摘し合える空気が、会社の中にできているだろうか、という点。

私は、同じ職場で働く人間同士、悪いことは悪いと（もちろん、いいことはいいと）指摘し合える会社が〝いい会社〟だと、そして指摘し合えない会社は〝悪い会社〟だと思っています。

同僚の働く態度が悪いとわかっていても、見て見ぬふりをする。無精髭くらい些末なことだと思われるかもしれません。しかし、指摘されないことでますます気は緩み、やがて大きな事故を起こすことになってしまう……。

このような悪循環を止めるために、あえて「いい会社にしよう」という目標を掲げたのです。悪循環が止まれば、期待するのは好循環。

周りから「セイヒョーはいい会社だ」と評価されれば、働いてる従業員の誇りとなってモチベーションが上がる。そして、会社の業績が上がれば、優秀な人材が集まってくる。会社の総合力が上がって業績が伴ってくれれば、給料だって上げられます。

たかが身だしなみと思うのか、されど身だしなみと思うのか——この発想の差が「いい会社」と、そうではない会社の差なのではないでしょうか。

まさに好循環を生み出す第一歩だということなのです。

新潟への思い

2022年以降、WBとの資本提携を機に、弊社は〝新潟のセイヒョー〟から〝全

国区のセイヒョー〟へと成長すべく、事業拡大へと舵を切りました。

2022年4月28日の日経新聞には同社についての記事が掲載された。前述した構造改革とも受け取れる成長戦略推進にあたって、2022年から2年以内をめどに新潟市に第2工場を建設するとセイヒョーは公表。

工場新設は22年ぶりだ。

日経新聞の記事にはOEM受注を引き続ける上、自社ブランドアイスの生産強化を目的とする、とある。この工場新設による出荷金額は1・5～2倍程度になることが予想されていて、これが実現されると大幅な売り上げ伸長が実現するだろう。ここにEC販売などによる利益率の改善が加わると、利益成長に関しても飛躍的な伸びが期待できる。

「今」のセイヒョーはWBとの資本提携をきっかけに成長戦略へ舵を切り、マクロ環境がその後押しを行う環境にある。中長期で見た企業価値の向上、ならびに株式時価総額の増大に関して、大きく期待できる状況にあると言えるだろう。

とはいえ、全国に打って出ればことが改善するという簡単な話ではありません。多種多様に物があふれている現代は、商品も企業も、特徴がないと消費者に受け入れられません。

万人向けという商品というのは、逆に誰の目にも止まらないという不安を消し去ることができないといった時代である……そう考えたとき、セイヒョーが〝新潟の企業である〟というファクターが大きな武器になる。

つまり、セイヒョーはよくも悪くも新潟の企業であり、そのことを誇りに、新潟らしい特徴を押し出した戦略で勝負しようじゃないか、というわけなのです。

また、この機会をお借りして、新潟の方々にぜひともお伝えしたいことがあります。セイヒョーが1916年（大正5年）から100年以上にもわたり存続し得たのは、地元新潟のみなさまに愛されたおかげということです。

このご恩は、決して忘れるものではありません。

思えば、新潟は古くから大きな自然災害に見舞われてきました。奇しくも、私が生まれたのは1964年（昭和39年）の「新潟地震」のあった年。代表取締役に就任したのは、忘れもしない「東日本大震災」の直後でした。

そのほかにも1955年（昭和30年）に「新潟大火」が。1966、7年（昭和41、42年）には下越・羽越大水害が発生。いずれも甚大な被害があったと言い伝えられています。

また、私の実体験で言えば……私が豊栄市（現・新潟市）に転勤した年である2004年（平成16年）には、三条市や長岡市で大きな水害「7・13水害」があり、弊社社員や私の実家が大きな被害を受けました。家の前に2メートルくらいまで水かさが増し、避難所生活は2～3週間に及んだと記憶しています。

さらに、その3カ月後の10月には、新潟県中越地震が発生。その際には、十日町にあった私の妻の実家も大きな被害を受けました。

現在、弊社で働く従業員はほぼ全員、そうした苦難を共有してきた仲間なのです。

そして、同じ苦労を味わった新潟県民のみなさんがセイヒョーに愛着を感じてくださったからこそ、弊社は100年以上も存続することができたのです。

ですから、新潟を活性化して恩返しすることが、私の大きな目標の1つ。全国区に向けた事業拡大は、その目標を達成するための手段なのです。

会社が成長することによって、新潟が潤う。新潟が潤うことによって、また会社が成長する。そういったサイクル、好循環を生むことができれば、これ以上嬉しいことはありません。


以上が、株式会社セイヒョーの10代目代表取締役である飯塚氏による「1本60円のアイスを売って会社の価値を4倍にした話」だ。

日本の地方の中小企業の割合は、雇用者数で見ると85%以上に、企業数で見ると、全国の中小企業のうち、約7割が地方にある。

地方の中小企業は、雇用・経済の中核となっているのだが歴史と伝統を重んじながら、現代風の経営に舵を切れず懊悩する地方企業は多いのではないか。

セイヒョーはその殻をブレイクし伝統と近代経営の融合を図ろうと模索してい

る企業だ。その意味では「新興企業」とも言えるのではないか。

まさに脱皮である。

職種によっては日進月歩のＡＩ（人工知能）に仕事を奪われるなどということも言われる現代だが、それでもやはり〝考えること〟の重要性に気づかされた方も多いのではないだろうか。

常に考えるということは、情熱が失われないということ。１００年以上にわたって地域に根ざしてきた会社が、創立百周年記念誌として編纂した『百年氷』の表紙には、

「いつまでも溶けない、新潟・食、氷への想い」

と綴られている。

あとがき

今回、原稿を書かせていただいたことは、私自身について、そして株式会社セイヒョーの過去と未来について、改めて深く考える、いいきっかけになりました。

私は代表取締役に就任してから12年が経ちますが、今でも手探り状態というのが正直なところなのです。

そう簡単に、答えは見つからないものなのですね。

おまけに、私自身が何をするにしても、もっとほかにいい方法があるかもしれないと考える性質だから、迷うこと、これはもう性分だと思ってあきらめるしかないのでしょう。

ただ、総じて「あまりネガティブに考えない方がいい」というのが私の実感です。ケース・バイ・ケースだとは思いますが、客観的に物事を見た方がいいとき、というのがあると思うのです。主観だけで物事を見ると、感情が先に出てしまう。それが、間違った判断を招いてしまうことにつながる。

ですから私は「何か一大事が起きたときは、いったん落ち着く」ということを心がけています。そして次に、最悪の状況を想定する。つまり、危機を乗り越えられなかったときにどうするか。次の方法は何かないか、考えを巡らせておくのです。

最後の最後に、また偉そうなことを書いてしまいましたが、いずれにしても、今、私が代表取締役という立場にいるのは、周囲の方々に可愛がっていただいたおかげ、引き上げていただいたおかげだと思っています。

振り返れば、私は割と人から好かれる方だったとは思います。学生時代も、会社に入ってからも、特に先輩には可愛がられる方でした。人間観察をした結果、顔色が見えて、そのときに応じて対応した結果と言えば、そうなのだろうと思いますが……私自身は、両親の影響というのが強くあるのだろうと思っています。

というのも、私の父親は、すごく人に好かれるタイプの人だったのです。家に来たお客さんが、子どもである私の顔を覗き込みながら、父親のことを褒めるわけです。

「お父さんはいつもニコニコしていて、本当にいい人だよね」と。

一方、母親はとても怒るときは怒る人。私も小さなころはしょっちゅう叱られていたのを覚えています。ときには、家を追い出されて自転車小屋に閉じ込められたこともありました。

しかし、普段はとても明るく、よく笑う働き者。近所付き合いを含め、周りに人が集まってくるのは父親同様でした。

私が幸いにも人から可愛がられ、人から憎まれることなく過ごしてこられたのは、そんな両親の背中を見て育ったおかげだと感じることが多々あります。

人生100年時代で、私も後どれくらい働くことになるのかわかりませんが、背中を見られる立場にいるのだということを自覚しつつ、これからの日々を過ごしていきたいと思っています。最後に、読者のみなさまにご挨拶を。このたびは、本書をお手に取っていただき、誠にありがとうございました。

株式会社セイヒョー
代表取締役　飯塚周一

年表

1916年(大正5年)	製氷業者として「新潟製氷株式会社(資本金10千円)」を設立
1917年(大正6年)	清涼飲料水の販売を開始
1924年(大正13年)	冷蔵倉庫業開始
1925年(大正14年)	日本製氷冷蔵株式会社を吸収合併
1945年(昭和20年)	【第二次世界大戦の終戦】
1946年(昭和21年)	「もも太郎(氷菓)」製造開始
	「越佐製氷冷凍株式会社」に商号変更
1948年(昭和23年)	冷氷菓製造販売を開始
1949年(昭和24年)	新潟証券取引所に株式を上場(県内第1号)
1950年(昭和25年)	「新潟製氷冷凍株式会社」に商号変更
1952年(昭和27年)	冷凍魚、冷凍食品の販売を開始
1955年(昭和30年)	【新潟大火】

1957年（昭和32年）	アイスクリームの販売業を開始
1964年（昭和39年）	【新潟地震】
1966年（昭和41年）	【下越大水害】
1967年（昭和42年）	【羽越大水害】
1969年（昭和44年）	冷凍倉庫業を開始
1971年（昭和46年）	東京営業所を開設
	雪印との取引開始
1975年（昭和50年）	冷凍倉庫業を開始
1982年（昭和57年）	和菓子の製造を開始
1995年（平成7年）	「株式会社セイヒョー」に商号変更
2000年（平成12年）	新潟証券取引所の廃止により東京証券取引所市場第2部へ移行
2004年（平成16年）	【新潟豪雨】
	【新潟県中越地震】
2005年（平成17年）	あずき味のかき氷バー「金太郎」を発売
2007年（平成19年）	新システム導入
	開発室の立ち上げ

2008年（平成20年）	工場制度廃止→三本部制（生産・営業・管理本部）導入
2009年（平成21年）	【リーマン・ショック】
	森永乳業（株）との製造委託契約締結
2010年（平成22年）	明治乳業（株）との製造委託契約終了
2011年（平成23年）	【東日本大震災】
2012年（平成24年）	【民主党政権から第2次安倍政権へ移行し、アベノミクスが始まる】
2014年（平成26年）	【消費税が8％に】
2015年（平成27年）	豊栄工場敷地内にアンテナショップ「もも太郎ハウス」を開店
2016年（平成28年）	3月に100周年を迎える
2019年（令和元年）	【消費税が10％に】
2020年（令和2年）	【新型コロナ感染拡大で緊急事態宣言発出】
2022年（令和4年）	【ロシアがウクライナに侵攻（2月）】
	【東京証券取引所が市場区分を再編（4月）】
	（株）Wealth Brothersと資本提携契約を締結
2023年（令和5年）	新潟市北区に新工場建設を目的とした土地を取得

PROFILE

飯塚周一

いいづか・しゅういち

株式会社セイヒョー代表取締役社長。

1964年、新潟県三条市出身。定時制高校卒業後、1984年に新潟製氷冷凍株式会社に入社。営業職一筋を歩み、現場で自社製品の重要性、販売戦略を学ぶ。1995年、新潟製氷冷凍株式会社は株式会社セイヒョーに商号変更。2011年に社長に就任。

1916年設立以来の伝統と昭和の経営を「令和の経営」に転換。企業価値を4倍にまで成長させることに成功した。

「私たちは、お客様にとって最適な商品を提供することで、食文化の向上に貢献してまいります。また、地域社会に根ざした企業として、環境保全や社会貢献活動にも積極的に取り組んでまいります。私たちは、創業以来培ってきた『誠実』『信頼』『挑戦』の精神を大切にし、お客様や取引先様、従業員や株主様など、すべてのステークホルダーの皆様と共に発展していく企業を目指してまいります」

株式会社セイヒョー HP:　https://www.seihyo.co.jp/

著者撮影

水野嘉之

Book Design

HOLON

1本60円のアイスを売って会社の価値を4倍にした話

地域限定企業を再生させた経営哲学

第1刷　2023年6月30日

著者

飯塚周一

発行者

小宮英行

発行所

株式会社徳間書店

〒141-8202 東京都品川区上大崎3-1-1 目黒セントラルスクエア

電話　編集(03)5403-4344 ／ 販売(049)293-5521

振替　00140-0-44392

印刷・製本

大日本印刷株式会社

ISBN 978-4-19-865641-6